RASEN
RAUS

Ordentlich
was ernten
auf 15m²

GEMÜSE
REIN

Meiner Maman Joëlle gewidmet, die mich
auf den Geschmack gebracht und meine Lust
aufs Gärtnern geweckt hat. Danke!

Arthur Motté

RASEN RAUS

GEMÜSE REIN

Ordentlich was ernten auf 15m²

Aus dem Französischen von Sabine Hesemann

ABENTEUER AUF KLEINSTER FLÄCHE

Mein Name ist Arthur, ich bin fast 20 Jahre alt und lebe in Belgien. Und so erstaunlich es auch klingen mag, eines meiner zahlreichen Hobbies ist das Gärtnern!

Alles begann, als ich etwa 7 Jahre alt war. Ich lernte in unserem Dorf einen Mann namens Alphonse kennen. Er besaß einen riesigen Gemüsegarten, in dem alle möglichen Gemüsearten üppig wuchsen. Trotz seines Alters von 78 Jahren war er topfit. Wir wurden rasch Freunde.

Jeden Tag nach der Schule machte ich einen Abstecher in den Gemüsegarten, wo er mir die Magie des Gärtnerns zeigte. Wie sät man Gemüse aus, wie pflegt man es? Gemeinsam haben wir Tomaten verkostet und ich buddelte mit den Händen in der Erde. Der Garten war seine Leidenschaft und er sprach mit Begeisterung davon. Seine Geschichten ließen mich mächtig Staunen. Dass aus einem kleinen Samenkorn ein riesiger Kürbis wächst, fasziniert mich immer noch.

Meine ersten Versuche startete ich im Garten von Alphonse und gleich darauf in den Blumenbeeten meiner Eltern. Als Alphonse starb, beschloss ich, ihm ein ehrendes Andenken zu bewahren, indem ich das vom ihm erlernte Gartenwissen weiter in die Tat umsetze.

Also bat ich meine Eltern um ein eigenes Stückchen Rasen im Garten und mein Abenteuer begann auf 15 Quadratmetern. Ich machte mir klar, dass Alphonse mir alle Grundlagen beigebracht hatte und dass ich es ganz alleine schaffen würde. Nun sind etliche Jahre des Experimentierens vergangen und ich bin sehr zufrieden! Im Moment gedeihen in meinem Garten mehrfarbige Tomaten, Rote Bete mit wunderbaren violetten Blättern, schmackhafte Zucchini, Kräuter und alle möglichen Blumen für die Bienen …

Ich habe auch einen Riesenspaß am Anbau von ungewöhnlichen Kürbissen oder exotischen Gemüsen wie Mexikanischen Minigurken, auch Cucamelon oder Gurkenmelone genannt. Haben Sie davon schon einmal gehört?

2016 startete ich meine Instagram-Seite und dann einen Blog, um mich mit anderen Gärtnern auszutauschen und Fotos von meinem Garten und meiner Ernte zu teilen. Ich bin überzeugt, dass wir zu einer besseren Welt beitragen und einen eigenen Beitrag im Kampf gegen den Klimawandel leisten können, wenn jeder Mensch sein eigenes Gemüse anbaut. Meine Leidenschaft für das Gärtnern hat etwas Aufmüpfiges. Aber nicht nur das! Gärtnern reduziert den Alltagsstress und belohnt uns mit leckerem, lokal angebautem Biogemüse. Was braucht man mehr, um glücklich zu sein?

Ich werde Sie mit diesem Buch durch ein ganzes Gartenjahr führen. Sie werden an meinen Erfolgen teilhaben und ich gebe Ihnen Ratschläge, damit Sie nicht dieselben Fehler machen wie ich. Es ist nicht immer leicht, ein guter Gärtner zu sein: Nicht alles, was Sie pflanzen, wird gedeihen, Sie müssen eventuell gegen Krankheiten und Unkraut kämpfen. Aber ich gebe Ihnen einfache Tipps, die sich in meinem Gemüsegarten als tauglich erwiesen haben.

Ich hoffe, dass ich es Ihnen schmackhaft machen kann, Ihr eigenes Gemüse anzubauen, auch auf kleinster Fläche. Wenn ein 20-Jähriger erfolgreich ein kleines Paradies auf 15 m² Fläche angelegen kann, dann kann das doch wohl jeder!

Viel Spaß beim Lesen!

Arthur

Le
Potager
d'Arthur

INHALT

DIE SCHÄTZE DES GEMÜSEGARTENS 91

Frühling

Sommer

Herbst

LOS GEHT'S MIT
DEM GEMÜSEGARTEN

Bevor man mit dem Gemüseanbau loslegt, sollte man sich ein paar Gedanken machen, um gut vorbereitet zu sein. Natürlich braucht man zuerst ein geeignetes Fleckchen Erde und gutes Werkzeug. Am besten zeichnet man dann einen Plan, um die Kulturen zu organisieren, und wählt gutes Saatgut aus.

Das erste Jahr mit dem Gemüsegarten verursacht einige Kosten: Man muss Gartengeräte anschaffen, Sämereien, vielleicht auch ein kleines Gewächshaus. Einige Kniffe helfen jedoch, das Sparschwein nicht ganz plündern zu müssen. Man kauft zum Beispiel die Werkzeuge gebraucht und tauscht Saatgut mit den Gärtnern in der Nachbarschaft aus. Nach den ersten Anschaffungen kostet der Gemüsegarten fast nichts mehr. Die Werkzeuge halten sich über Jahre, wenn

Eines der allerersten Fotos von meinem Gemüsegarten!
Der Boden war gerade frisch umgegraben und ich hatte
noch nichts gepflanzt. Der Garten wirkt viel kleiner, oder?

man sie gut pflegt, und man kann eigenes Saatgut ernten. Das erkläre ich aber in den folgenden Kapiteln noch genauer.

Am liebsten möchte man mit dem Anlegen des Gemüsegartens gleich beginnen, aber es gibt zuvor einiges zu bedenken und vorzubereiten. Die folgenden Faktoren waren für mich besonders wichtig.

STANDORT

Zuerst muss man den geeigneten Standort finden! Bevorzugt sollte die Stelle …

*... in der Nähe der Küche liegen. Damit der Gemüsegarten so praktisch wie möglich wird, sollte er leicht zugänglich sein. Wenn man Gemüse oder frische Kräuter braucht, ist es doch einfacher, wenn man aus der Versuchsküche nur einige Meter gehen und nicht durch den ganzen Garten wandern muss.

*... sonnig sein, das ist das A und O. Ohne Sonne wachsen die Gemüse schlecht. Wählen Sie eine Stelle im Garten, die im Sommer mindestens 6–7 Stunden lang in der Sonne liegt. Je sonniger der Gemüsegarten ist, desto besser gedeihen die Gemüse.

Er sollte also nicht zu nah an Bäumen liegen, weil diese Schatten werfen und um das Wasser konkurrieren. Ein weiterer Vorteil des sonnig gelegenen Gemüsegartens ist die Wärme: Weil der Boden sich im Frühling schneller erwärmt, kann man früher mit dem Anbau beginnen.

*... windgeschützt sein. Die meisten Gemüse lieben es, wenn sie windgeschützt stehen, vor allem die mediterranen Pflanzen wie Tomaten, Auberginen und Paprika lieben Hitze. Wind verringert die Temperaturen gewöhnlich um mehrere Grad. Wählen Sie daher einen geschützten Platz an einer Mauer oder mit einer umlaufenden Hecke (ohne dass sie Schatten wirft). Mein Gemüsegarten wird im Norden von einer Thuja-Hecke flankiert, die vor kaltem Wind schützt.

*... Abstand zu den Bäumen haben. Auch wenn Bäume zahlreiche Vorteile bieten, da sie an heißen Sommertagen etwas Schatten spenden, das Erdreich gegen die Erosion schützen, das Wasser bei heftigen Regenfällen schneller ableiten, ist Vorsicht geboten. Bäume haben einen gewaltigen Nachteil: Sie verbrauchen viel Wasser, auch in der Tiefe, und der Boden trocknet daher rascher aus. Das Gemüse muss in diesem Fall mehr gegossen und wahrscheinlich auch mehr gedüngt werden.

In der Nähe meines eigenen Gemüsegartens stehen einige riesige Thujas. Im Sommer hat die rechte Seite des Gemüsegartens daher aufgrund der Nähe zu diesen Bäumen einen trockeneren Boden. Ich habe eine Lösung gefunden: Anstatt Gemüse anzupflanzen, säe ich dort Wildblumen!

FLÄCHE

Nachdem Sie Ihren Standort gefunden haben, müssen Sie das Stück Land abstecken. Anfänger beginnen oft mit einem riesigen Gemüsegarten, der sehr pflegeintensiv ist. Sie werden von Unkraut überrannt und geben nach und nach ihren Gemüsegarten auf, weil er so viel Arbeit macht. Fangen Sie klein an! Je mehr Erfahrung Sie sammeln, desto mehr können Sie Ihren Gemüsegarten vergrößern, wenn Sie möchten. Ich habe mit einfachen Beeten angefangen und 2016 ein kleines Stück Land von 15 m² angelegt. Im Frühjahr 2019 fügte ich weitere 10 m² hinzu, wodurch eine Gesamtfläche von 25 m² entstand. Allerdings sind das nicht 25 m² Anbaufläche. Davon muss man die Fläche für den Weg und die kleine Terrasse abziehen. Wenn man die Anbaufläche in meinem Gemüsegarten berechnet, kommt man auf

etwa 15 m². Es kann sein, dass Sie Ihren Gemüsegarten nicht vergrößern können, dann werde ich Ihnen einige Tipps geben, wie Sie mehr Pflanzen anbauen können, ohne mehr Fläche zu benötigen (> SEITE 41).

> **TIPP** Errichten Sie einen Zaun um Ihren Gemüsegarten, um unerwünschte Tiere wie Hunde, Katzen, Füchse oder Rehe fernzuhalten.

BODEN

Sobald die Fläche für den zukünftigen Gemüsegarten abgesteckt ist, müssen Sie **den Rasen** (das war bei mir der Fall) **in blanke Erde verwandeln**. Dafür muss die oberste Schicht, wo sich das Gras befindet, mit einem Spaten entfernt werden. Dann können Sie die Erde mit einem Motorpflug umgraben (damals hat mir mein Vater dabei geholfen). Wenn Sie keinen Motorpflug haben, krempeln Sie die Ärmel hoch und bringen Sie den Spaten zum Einsatz! Dieser Schritt ist einer der körperlich anstrengendsten ... Danach müssen Sie die **Bodenart** bestimmen und den Boden gegebenenfalls verbessern, damit er sich möglichst gut für Ihr Gemüse eignet. Der Boden ist schließlich die Grundvoraussetzung für das Wachstum der

Die sanfte Methode: Sie ist sehr praktisch, wenn Sie Ihren Gemüsegarten schon lange vorher vorbereiten und daher Zeit haben. Sie können saubere Pappe auf das Gras legen und Kompost über die Pappe, damit diese sich zersetzt (oder eine Plane, die nach einiger Zeit entfernt werden muss). Die Pappe (oder die Plane) wird das Gras ersticken. Nach einigen Wochen ist das Gras abgestorben und Sie haben Erdreich, das man für die Gartenarbeit nur noch umgraben muss. Diese Methode ist praktisch, wenn Sie keinen Motorpflug haben oder sich nicht mit dem Umgraben der Erde abmühen wollen.

Pflanzen und bestimmt die Qualität Ihrer Ernte. Nehmen Sie sich also die Zeit, den Boden Ihres zukünftigen Gemüsegartens zu pflegen.

Wie bestimmt man nun die Bodenart? Es gibt eine ganz einfache Methode: Nehmen Sie eine Handvoll (feuchte) Erde und versuchen Sie, daraus eine Kugel zu formen. Wenn Ihnen das nicht gelingt, haben Sie einen **sandigen Boden.** Wenn es Ihnen gelingt, versuchen Sie die Kugel zu einer Wurst zu formen und diese zu biegen. Wenn Ihnen dies gelingt, ohne dass der Erdklumpen bricht, haben Sie einen **tonigen Boden.** Wenn die Wurst bricht, haben Sie einen **lehmigen Boden.** Dieser Boden ist eine Mischung aus Sand und Ton – die perfekte Kombination für Ihren Gemüsegarten.

Wenn Ihr Boden dem letzten Kriterium entspricht, können Sie sich freuen, denn Sie müssen ihn (fast) nicht mehr verbessern! Es genügt, wenn man etwas Kompost (etwa 10 kg pro m^2) oder andere organische Stoffe hinzufügt, um den Boden mit Nährstoffen anzureichern.

Wenn Sie hingegen einen sandigen Boden haben, bedeutet dies, dass er sehr durchlässig ist und nicht genügend Wasser speichern kann. Im Sommer wird er zu trocken sein. Fügen Sie Kompost (etwa 10 kg pro m^2) und eventuell Tonmineral-Mehl (aus dem Fachhandel) hinzu, um die Erde schwerer und nährstoffreicher zu machen.

Wenn Ihr Boden tonig, also schwer ist, hilft die Zugabe von Sand und Kompost (etwa 10 kg pro m^2), um ihn leichter zu machen. Manchmal wird empfohlen, Torf hinzuzufügen, aber ich rate Ihnen dringend davon ab, da es sich hierbei nicht um eine erneuerbare Ressource handelt. Und weil Torf aus Mooren gestochen wird, tragen wir damit zur Zerstörung dieser wichtigen Ökosysteme bei.

Sobald der Boden verbessert und an der Oberfläche gewendet wurde, sollten Sie ihn nicht mehr betreten, da Sie sonst die ganze Arbeit zunichte machen – der Boden muss luftig bleiben!

DAS NEUE GARTENJAHR:
DIE TO-DO-LISTE

Jedes Jahr gehe ich am Ende des Winters eine Liste mit Punkten durch, um für die kommende Saison gut vorbereitet zu sein. Hier ist sie:

WAS WIRD GEPFLANZT?

Sobald der Gemüsegarten vorbereitet ist, muss weiter geplant werden! Jetzt beginnt der interessanteste Teil. Bevor Sie zur Tat schreiten, empfehle ich Ihnen, sich zu überlegen, was Sie gerne anbauen und essen möchten. Nehmen Sie sich Zeit, fragen Sie Familienmitglieder, Freunde usw. und vergessen Sie nicht, alles aufzuschreiben! Wählen Sie zusätzlich zum Gemüse auch Kräuter, um Ihre Gerichte zu würzen. Blumen sind wichtig, da sie Bienen und andere Insekten anlocken, die die Blüten in Ihrem Garten bestäuben und somit den Ertrag erhöhen.

Diese Blumen können Sie in die freien Flächen des Gemüsegartens setzen, der dadurch noch schöner wird. Wenn Sie Ihre Artenliste fertiggestellt haben, ordnen Sie die Pflanzen nach ihrer Höhe, ihren Ansprüchen an die Belichtung (d. h. volle Sonne, Halbschatten oder Schatten) und ihrer Farbe (damit der Gemüsegarten auch hübsch aussieht).

GARTENPLAN

Bestimmen Sie mithilfe dieser Artenliste **die Stellen, an denen Sie die jeweiligen Pflanzen anbauen** wollen. Erstellen Sie dazu einen Plan. Er hilft nicht nur dabei, das Gemüse richtig anzuordnen und das Pflanzen zu erleichtern, sondern er wird Ihnen auch bei der Fruchtfolge nützlich sein. Einen ordentlichen Plan zu machen, ist nicht einfach, auch nach ein paar Jahren der Übung nicht. Jedes Mal müssen viele Faktoren gleichzeitig berücksichtigt werden. Um es Ihnen leichter zu machen, habe ich **die wichtigsten Kriterien** aufgelistet.

TIPP Zeichnen Sie die Himmelsrichtungen in Ihren Plan ein, um die Anordnung und Ausrichtung Ihres Gemüses zu erleichtern.

★ Ein guter Plan beginnt immer mit einer **detaillierten Zeichnung** des Gemüsegartens. Diese wird als Skelett fungieren. Gehen Sie zunächst einmal um Ihre Parzelle herum und nehmen Sie dabei die Maße. Nehmen Sie dann ein großes Blatt Papier (am besten kariert, das erleichtert Ihnen die Arbeit) und zeichnen Sie darauf Ihren Gemüsegarten mit den von Ihnen genommenen Maßen ein. Vergessen

Sie nicht den Weg, auf dem Sie gehen werden, damit Sie das Gemüse nicht zertreten. Die optimale Breite für einen Weg beträgt etwa 50 cm.

★ Mehrere Jahre hintereinander das gleiche Gemüse an der gleichen Stelle anzubauen, ist keine gute Idee. Der Boden wird ausgelaugt und das Risiko von Krankheiten steigt. Deshalb gibt es ein System, das als **Fruchtfolge** bezeichnet wird. Dafür werden meist die Gemüsearten und -sorten nach ihrer jeweiligen Pflanzenfamilie gruppiert. Ich nehme das nicht so streng und teile lieber in die nachfolgenden Kategorien ein. Im Gemüsegarten weise ich dann jeder Kategorie einen bestimmten Platz zu. Jedes Jahr wechseln dann alle Kategorien ihren Standort. So besteht keine Gefahr der Wiederholung.

Insgesamt unterscheide ich 6 große Kategorien.
Kohlarten: Blumenkohl, Brokkoli, Chinakohl, Grünkohl, Pak Choi, Rotkohl, Weißkohl …
Hülsenfrüchte: Bohnen, Erbsen, Kichererbsen, Linsen …
Fruchtgemüse: Auberginen, Chili, Gurken, Kürbis, Mais, Paprika, Tomaten, Zucchini …
Blattgemüse: Feldsalat, Kopfsalat, Lauch, Mangold, Rucola, Spinat, Staudensellerie …

Wurzelgemüse (auch Knollen und Rüben): Fenchel, Kartoffeln, Knoblauch, Knollensellerie, Möhren, Pastinaken, Radieschen, Rettich, Rote Bete, Schalotten, Zwiebeln …
Mehrjährige: Artischocken, Erdbeeren, Lavendel, Minze, Rosmarin, Salbei, Thymian …

WUSSTEN SIE …? Mehrjährige Pflanzen sind weniger anfällig für Krankheiten. Sie können im Gemüsegarten über mehrere Jahre an derselben Stelle bleiben und müssen nicht jährlich neu ausgesät oder gepflanzt werden. Ist das nicht praktisch?

★ Sobald Sie jede Gruppe identifiziert haben, müssen Sie nur noch Ihren Plan füllen. Damit Sie nicht durcheinanderkommen, empfehle ich Ihnen, zuerst die **Gemüsearten** zu platzieren, **die mehr Zeit zum Wachsen brauchen** und die in einer oder mehreren Vegetationsperioden **mehrfach geerntet werden** können: Artischocken, Fruchtgemüse, Hülsenfrüchte und Kohl. Anschließend legen Sie Blattgemüse, Wurzelgemüse, Blumen und Kräuter fest.

Wenn Sie Ihr Gemüse ausbringen, beachten Sie drei wichtige Faktoren, die üblicherweise auf den Samentütchen angegeben sind:

✱ **Der Abstand** zwischen den Pflanzen. Jede Pflanze braucht ein Mindestmaß an Platz, um zu gedeihen.

Ich persönlich finde die auf den Samentütchen notierten Abstände etwas übertrieben. Deshalb nehme ich etwa ¾ der ursprünglichen Abstandsangaben. Das spart mir Platz und ich kann mehr Gemüse anbauen!

TIPP Planen Sie auch einen Platz ein, um ein Insektenhotel aufzustellen. Das erhöht die Artenvielfalt in Ihrem Gemüsegarten. Wie Sie selbst eines bauen können (> SEITE 48).

✱ **Die Höhe.** Jedes Gemüse hat eine andere Höhe. Um zu verhindern, dass niedrige Pflanzen von hohen überwuchert werden und zu wenig Licht bekommen, sollte man sie in den Vordergrund setzen.

TIPP Verwenden Sie die Listen der Pflanzen, die Sie zuvor kategorisiert haben (> SEITEN 17–18).

✱ **Die Ausrichtung.** Manche Pflanzen brauchen mehr, andere weniger Sonne. In einem Gemüsegarten profitieren die meisten Gemüsesorten von viel Wärme und Sonne, um ihren spezifischen Geschmack zu entwickeln. Das gilt besonders für Kräuter und mediterrane Gemüse, beispielsweise Rosmarin, Thymian, Salbei, Tomaten, Paprika oder Chili. Andere Gemüsesorten hingegen bevorzugen eher den Halbschatten, darunter Kürbisse, Zucchini, Kohl, Rote Bete usw. Sorgen Sie dafür, dass die Pflanzen alles bekommen, was sie brauchen.

✱ **Die Farben** (optional). Jedes Jahr versuche ich, den Gemüsegarten in ein kleines Kunstwerk zu verwandeln. Aus diesem Grund berücksichtige ich auch die Farben. Ich achte darauf, die Farben gleichmäßig zu verteilen und von jeder Nuance ein wenig in jeden Winkel meines Gemüsegartens zu bringen.

ARTHURS GEMÜSEGARTEN

TOMATEN

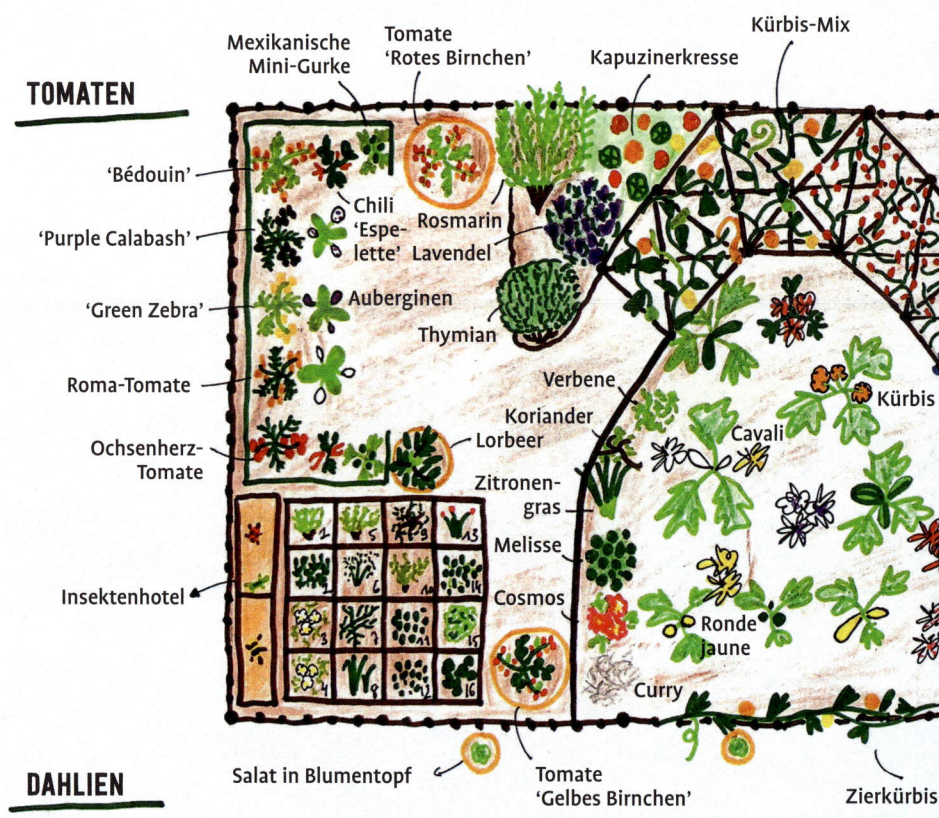

Mexikanische Mini-Gurke
Tomate 'Rotes Birnchen'
Kapuzinerkresse
Kürbis-Mix

'Bédouin'

'Purple Calabash'

'Green Zebra'

Roma-Tomate

Ochsenherz-Tomate

Insektenhotel

Chili 'Espe-lette'
Rosmarin
Lavendel
Auberginen
Thymian

Verbene
Koriander
Lorbeer
Zitronen-gras
Melisse
Cosmos

Kürbis
Cavali
Ronde jaune
Curry

Salat in Blumentopf
Tomate 'Gelbes Birnchen'
Zierkürbis

DAHLIEN

* Weiße Blüten
* Große, gelbe Blüten
* Kleine, gelbe Blüten
* 'Rose Bonbon'
* Weiß-lila Blüten
* 'Garden Wonder' (rot)
* 'Wittemans Best' (rot)

KRÄUTER

1. Rosmarin
2. Melisse
3. Kamille
4. Kamille
5. Rosmarin
6. Dill
7. Estragon
8. Zitronengras
9. Bohnenkraut
10. Verbene
11. Oregano
12. Oregano
13. Schnittlauch
14. Glatte Petersil
15. Koriander
16. Krause Petersi

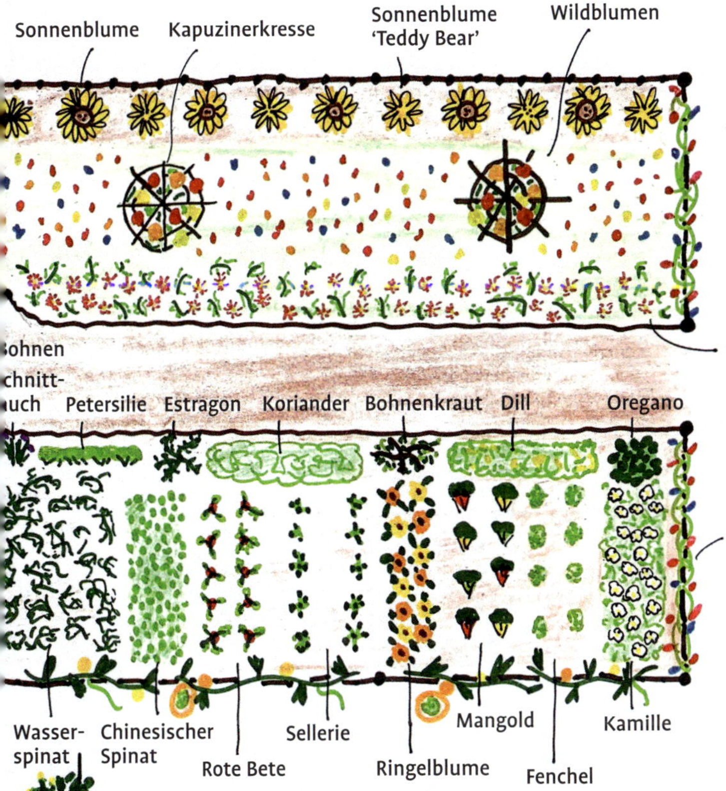

Sonnenblume   Kapuzinerkresse   Sonnenblume   Wildblumen
                                      'Teddy Bear'

ZUCCHINI

- Soleil
- Cavili F1
- Black Forest F1
- Eight Ball
- Floridor F1
- Patisson
- Striato d'Italia
- Ronde de Nice

Bohnen
chnitt-
uch   Petersilie Estragon Koriander Bohnenkraut Dill   Oregano

— Scheinsonnenhut

— Duftwicken

Wasser-   Chinesischer   Sellerie   Mangold   Kamille
spinat   Spinat
              Rote Bete   Ringelblume   Fenchel

Kirschtomaten   ## CHILI

                                 - Espelette
                                 - Jalapeno
          Thai-   - Nepali Orange
          Basilikum   - Peruvian Purple
                                 - Blue Christmas
                                 - Cayenne
                                 - Biquinho

TOMATEN

- Ochsenherz
- Gelbes Birnchen
- Rotes Birnchen
- Amore
- Bédouin
- Speckled Roman
- Purple Calabash
- Green Zebra

GARTENGERÄTE

Um effizient und mit Freude säen, pflanzen und gärtnern zu können, braucht man gute Gartengeräte. Ich persönlich unterscheide zwischen kleinen Werkzeugen, die ich häufig verwende, und größeren Werkzeugen für grundlegende Arbeiten. Hier ist meine Werkzeugsammlung.

TIPP Sammeln Sie alle kleinen, häufig benutzten Werkzeuge in einer Holzkiste oder Werkzeugtasche, damit Sie sie nicht zusammensuchen müssen.

KLEINE WERKZEUGE

Notizbuch und Bleistift: Ich schreibe meine Ideen, Erfahrungen, was ich gepflanzt habe oder die Menge der Samen auf.

Schnur: Sehr nützlich zum Anbinden von Pflanzen wie Sonnenblumen, aber auch von Tomaten, Gurken, Auberginen usw.

Schere, ein Taschenmesser oder ein kleines Messer: Unentbehrlich zum Schneiden von Garn und immer nützlich für verschiedene Aufgaben. Aber Vorsicht: Stecken Sie scharfes Werkzeug in eine Schachtel, damit Sie sich nicht schneiden, wenn Sie in Ihrer Kiste nach etwas suchen.

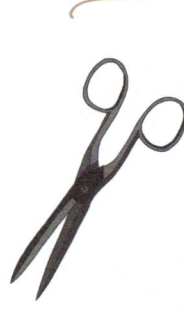

Gartenhandschuhe: Sie schützen Sie vor Insektenstichen und vor Verletzungen beim Arbeiten.

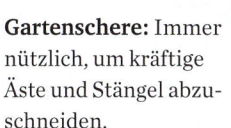

Gartenschere: Immer nützlich, um kräftige Äste und Stängel abzuschneiden.

Pflanzschaufel: Ein unverzichtbares Werkzeug im Gemüsegarten! Ich benutze es recht häufig, um Jungpflanzen umzusetzen.

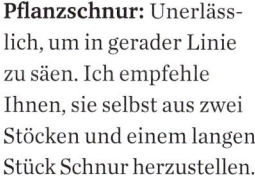

Pflanzholz mit Maßeinteilung: Es hilft Ihnen, die richtigen Saattiefen einzuhalten.

Pflanzschnur: Unerlässlich, um in gerader Linie zu säen. Ich empfehle Ihnen, sie selbst aus zwei Stöcken und einem langen Stück Schnur herzustellen.

Bäckertüten: Wenn ich das Gemüse ernte, kann es praktisch sein, eine Bäckertüte oder einen Brotbeutel aus Stoff zu haben, in den ich alles hineinlegen kann. Sie können sich auch einen hübschen Weidenkorb besorgen.

Schildchen: Sobald die Pflanzen gewachsen sind, setze ich sie gruppenweise in den Gemüsegarten und verwende Pflanzenschildchen, um sie zu identifizieren.

Etiketten und ein Permanentstift: Jedes Mal, wenn ich etwas säe, schreibe ich zur Identifikation die Namen auf, da sich die Jungpflanzen sehr ähneln.

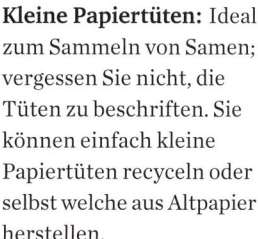

Kleine Papiertüten: Ideal zum Sammeln von Samen; vergessen Sie nicht, die Tüten zu beschriften. Sie können einfach kleine Papiertüten recyceln oder selbst welche aus Altpapier herstellen.

Eine kleine Bürste und ein Tuch: Nachdem ich meine Gartengeräte benutzt habe, reinige ich sie, um ihren Glanz zu erhalten und zu verhindern, dass sie rosten. Es ist nicht gut, wenn getrocknete Erde an den Werkzeugen klebt.

TIPP Im Sommer an eine Wasserflasche und einen Hut denken!

GROSSE WERKZEUGE

Schaufel: Zum Bewegen von Erde.

Spaten: Zum Wenden von Erde.

Unkrauthacke: Um das Unkraut zwischen den Pflanzen zu entfernen.

Gartenkralle: Sehr wirkungsvoll, um die Erde um die Pflanzen herum oberflächlich aufzulockern.

Gießkanne: Vor allem dann nützlich, wenn man keinen Gartenschlauch hat.

Sprühflasche: Verwende ich zum Ausbringen biologischer und ökologischer Mittel gegen manche Pflanzenkrankheiten.

Grabgabel: Ist ideal zum Wenden und Belüften des Komposts.

Harke/Rechen: Nutzt man zum Ebnen des Bodens.

Laubbesen: Vor allem im Herbst geschickt, um gefallenes Laub und abgestorbene Pflanzen rasch zusammenzurechen.

Stützen und Stäbe: Im Gemüsegarten unverzichtbar, um empfindliche Pflanzen wie Sonnenblumen, Tomaten oder Bohnen zu stützen. Ich empfehle Bambus, weil er sehr stabil ist und nur sehr langsam verrottet.

Aussaatschalen oder -platten: Verwende ich zum Säen meiner Pflanzen.

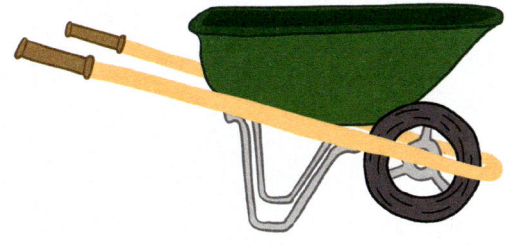

TIPP Reinigen Sie die Werkzeuge nach jedem Gebrauch, denn mit sauberen Werkzeugen arbeitet es sich besser im Garten! Ölen Sie sie regelmäßig, um sie vor Korrosion zu schützen.

Schubkarre: Erleichtert den Transport von Kompost, Pflanzerde usw.

SAATGUT

Eine gute Ernte hängt zum großen Teil von der Qualität des Saatguts ab. Deshalb wähle ich meine Samen nach bestimmten Kriterien aus.

Haltbarkeit: Jeder Samen ist nur einige Jahre keimfähig. Wenn die Haltbarkeitsgrenze überschritten wird, besteht die Gefahr, dass die Samen nicht mehr richtig keimen. Die Dauer der Keimfähigkeit hängt von der Pflanzenart ab, aber auch von der Art und Weise, wie die Samen aufbewahrt wurden. Das Haltbarkeitsdatum ist immer auf der Samentüte angegeben.

TIPP Um die maximale Keimfähigkeit zu erhalten, sollten Sie die Samen an einem eher kühlen (um 18 °C) und trockenen Ort aufbewahren, damit sie nicht schimmeln. Bewahren Sie sie nie in Plastik-, sondern immer in Papiertüten auf, damit sich die Luftfeuchtigkeit selbst regulieren kann.

Um Ihnen eine Vorstellung von der Keimfähigkeitsdauer zu geben:
* 2 Jahre: Lauch, Pastinaken, Zwiebeln.
* 3 Jahre: Bohnen, Erbsen, Fenchel, Gurken, Kürbis, Radieschen, Spinat.
* 4 Jahre: Kopfsalat, Mais, Möhren, Rote Bete, Zucchini.
* 5 Jahre und älter: Chili, Kohl, Mangold, Paprika, Sellerie, Tomaten.

WUSSTEN SIE ...? Wenn Sie eine alte Tüte mit Samen finden und nicht sicher sind, ob diese noch keimen werden, lässt sich das einfach testen: Nehmen Sie etwas feuchte Watte oder Küchenpapier und legen Sie ein paar Samen darauf. Legen Sie das Ganze in eine luftdicht verschlossene Dose. Wenn nach einigen Wochen die meisten Samen gekeimt sind, können Sie das Saatgut immer noch verwenden.

Biologisches Saatgut: Ich wähle immer biologisches und vorzugsweise lokales Saatgut. Nicht-biologisches Saatgut wurde mit Chemikalien gereinigt und mit Pestiziden und Fungiziden behandelt, um es vor möglichen Krankheiten zu schützen. Diese Produkte schaden nicht nur unserer

Koriandersamen

eigenen Gesundheit, sondern auch der von bestäubenden Insekten wie Bienen und Hummeln.

Sorten: Ich versuche so oft wie möglich, alte Sorten zu wählen, weil sie in der Regel besser schmecken und qualitativ hochwertiger sind. Manchmal kann man auf einer Samentüte die Angabe „F1" entdecken. Was bedeutet das genau? Der Begriff F1 stammt aus dem Lateinischen und bedeutet „Filius 1" oder „Erster Sohn". F1 sind Hybridpflanzen, die aus zwei verschiedenen Pflanzen entstanden sind. Beispiel: Um eine lilafarbene Aubergine mit weißen Streifen zu erhalten, kreuzt man einfach eine weiße Aubergine mit einer lilafarbenen Aubergine. Dieser Vorgang ist ganz natürlich und wird oft angewandt, um einen höheren Ertrag zu erzielen. Der Haken bei der Sache: Man kann mit den Samen der Hybridpflanzen die Sorte nicht weiter vermehren, da sie nach der Aussaat nicht das gleiche Ergebnis liefern. F1-Pflanzen benötigen außerdem auch mehr Pflege. Für „normale" (nicht-F1-)Sorten muss man im ersten Jahr das Saatgut

kaufen, aber danach kann man es jedes Jahr ernten, d. h. man muss kein Saatgut mehr nachkaufen. Ein weiterer Vorteil dieser Methode ist, dass sich die Pflanzen von Generation zu Generation mehr an Ihren Boden und Ihr Klima gewöhnen. Nach einigen Jahren haben Sie also die perfekte Sorte für Ihren Gemüsegarten. Trotzdem baue ich auch F1-Sorten an.

TIPP Es gibt Hunderte von verschiedenen Tomatensorten: gelbe, schwarze, gestreifte, in vielen Größen und Formen! In den Supermärkten finden wir oft Gemüse, das sich ähnelt und meist von der gleichen Sorte ist. Das Schöne am Selbstanbau ist, dass man aus vielen verschiedenen Sorten wählen kann. Sie können sich zum Beispiel den Spaß machen, grüne Bohnen mit violetter Farbe anzubauen. Ich empfehle Ihnen, einfach mal zu experimentieren!

IM FRÜHJAHR

FRÜHJAHR

AUSSAAT

Mit dem Einzug des Frühlings können Sie mit der Gartenarbeit endlich so richtig loslegen! Und die erste Aufgabe wird das Säen sein. Sie werden entweder die Samen direkt in die Erde stecken oder die Setzlinge in Töpfen im Haus vorziehen und später, wenn sie widerstandsfähig genug sind, ins Freiland setzen.

Mit der Aussaat in Töpfen können Sie noch vor den Eisheiligen beginnen, aber für die Samen im Freiland müssen Sie geduldiger sein und warten, bis der letzte Frost vorüber ist.

TIPP DIE EISHEILIGEN

Der letzte Frost fällt auf Mitte Mai, und zwar auf die Tage, an denen man der Heiligen Mamertus, Pankratius, Servatius und Bonifatius (und je nach Region auch der Kalten Sophie) seit dem Mittelalter gedenkt (11. bis 15. Mai) und die deshalb auch Eisheilige genannt werden. Um empfindliche Pflanzen wie Tomaten vor Frost zu schützen, sollten Sie sie bis zu diesem Zeitpunkt im Haus lassen. Auch wenn das Wetter mild erscheinen mag, kann es schnell umschlagen oder die Temperatur sinkt nachts überraschend stark. Behalten Sie die Wettervorhersage im Auge, bevor Sie mit dem Pflanzen beginnen!

IN TÖPFE

Gegen Ende März oder manchmal sogar Anfang April beginne ich mit der Aussaat drinnen im Warmen, entweder in meinem Gewächshaus oder im Haus in der Nähe eines Fensters. Einige Arten wachsen besonders langsam. Diese säe ich daher schon im Februar aus (SIEHE ANBAUKALENDER > SEITE 92).

Hier folgen die **fünf Behälter**, die ich für meine Aussaat verwende.

EIERKARTONS

Sie haben viele Vorteile: Sie sind biologisch abbaubar, billig und einfach zu verwenden. Füllen Sie einfach die Vertiefung, in der normalerweise die Eier stehen, mit Erde. Sie können pro Eiervertiefung einen Samen legen. Da die Eierkartons biologisch abbaubar sind, kann man jeden Abschnitt direkt in die Erde setzen (nachdem Sie den Karton so zugeschnitten haben, dass die Vertiefungen getrennt sind.) Bevor Sie sie in die Erde stecken, vergessen Sie bitte nicht, Aufkleber zu entfernen.

ERDPRESSLINGE

Dies ist eine meiner liebsten Varianten! Mit einem Werkzeug namens Erdballenpresse (auch Klumpen-, Schollen-, Wurzelballen- oder Stiefelpresse) kann man kleine Würfelchen aus Anzuchterde mit einem Loch in der Mitte für den Samen herstellen. Es gibt sie in verschiedenen Größen und Materialien. Wenn Sie nur wenige Würfel herstellen möchten, empfehle ich Ihnen ein Modell, das nur einen Erdballen auf einmal herstellt (❶), es ist leicht zu bedienen und zu verstauen. Es gibt aber auch größere Varianten (❷), mit denen man bis zu 20 Würfel auf einmal herstellen kann.

Man mischt in einem Eimer ¾ Aussaaterde und ¼ Sand, denn Sand macht die Mischung leichter und lockerer – schließlich wird die Erde ja zusammengepresst. Sand verhindert aber auch die Bildung von Schimmel.

Fügen Sie Wasser hinzu, bis eine feuchte Mischung entsteht. Scheuen Sie sich nicht, viel Wasser hinzuzufügen, denn das überschüssige Wasser tritt aus, wenn Sie die Blöcke zusammenpressen.

Nehmen Sie die Erdballenpresse, drehen Sie sie um und füllen Sie die Vertiefungen, indem Sie die Erde gut andrücken.

Stellen Sie die Presse schließlich mit den Würfeln nach unten auf ein Tablett, drücken Sie fest zu und dabei die Presse herunter, damit die Erdwürfel herausfallen. Legen Sie 1–2 Samen in jeden Würfel.

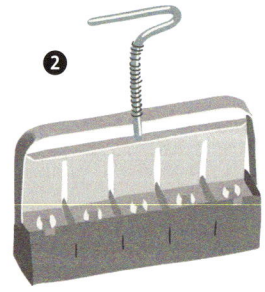

TÖPFE AUS ZEITUNGSPAPIER

Anstatt alte Tageszeitungen in den
Müll zu werfen, kann man sie in Töpfe
verwandeln. Alle Tageszeitungen
sind biologisch abbaubar, aber Druck-
farben werden teilweise noch auf
Erdölbasis hergestellt, was allerdings
bis 2028 weiter reduziert werden soll.

WIE STELLT MAN TÖPFE AUS ZEITUNGSPAPIER HER?

Ich verwende Wassergläser und je
nachdem, wie groß ein Glas ist, kann
ich die Größe der Töpfe verändern.

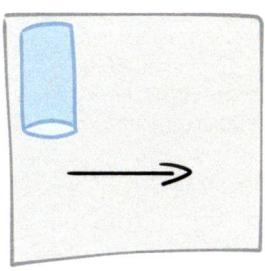 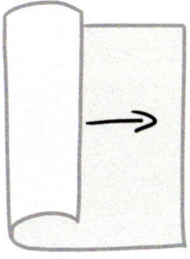 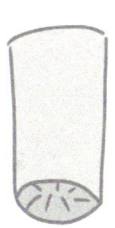

❶ Nehmen Sie ein großes
Blatt Zeitungspapier und
legen Sie es vor sich hin.
Nehmen Sie ein Wasserglas
zur Hand. Das Glas
bestimmt die Größe des
Papierbechers. Legen Sie es
mit der Öffnung nach unten
in die linke obere Ecke.

❷ Rollen Sie das Glas in
das Papier ein und stopfen
Sie den Überstand in das
Glas. Daraus entsteht der
Boden des Topfes.

❸ Schieben Sie das Glas
nach oben aus dem Papier-
töpfchen und drücken Sie
den Boden fest, um die
Unterseite zu verschließen
und zu verfestigen.
Jetzt müssen Sie den Topf
nur noch mit Blumenerde
füllen!

KLEINE TONTÖPFE

Eine ästhetische und umweltfreundliche Alternative. Vor einigen Jahren
habe ich auf einem Flohmarkt win-
zige Töpfchen gefunden. Seitdem
verwende ich sie für die Aussaat von
mediterranen Pflanzen. Wenn Terrakottatöpfe in der Sonne stehen,
erwärmen sich die Wurzeln schneller,
was das Wachstum der Jungpflanzen
beschleunigt.

PAPPROLLEN VON TOILETTEN- ODER KÜCHENPAPIER

Anstatt die Papprollen von Toiletten-
oder Küchenpapier wegzuwerfen,
können Sie sie in kleine, biologisch
abbaubare Röhrchen für Ihre Aussaat
verwandeln. Verschließen Sie einfach
die Unterseite, indem Sie sie an vier
Stellen senkrecht einschneiden und
die Pappstücke umfalten. Füllen Sie
dann Anzuchterde ein.

TIPP Um kräftige Pflanzen
zu erhalten, sollten Sie nur
maximal 2 Samen in einen
Topf geben. Wenn nur einer
der beiden Samen keimt,
können Sie die kleine
Pflanze in Ruhe wachsen
lassen. Wenn Sie feststellen, dass beide Samen
gekeimt sind, warten Sie,
bis die Triebe etwa 5 cm
hoch sind. Versuchen Sie
dann, sie ganz vorsichtig

voneinander zu lösen,
damit die Wurzeln nicht
(zu sehr) beschädigt wer-
den. Setzen Sie sie schließlich in separate Töpfe,
damit sie sich ungestört
entwickeln können.

Wenn Sie die jungen Pflanzen zu lange im Haus las-
sen, werden sie dünn und
schwächlich. Um dies zu
verhindern, stellen Sie sie

tagsüber nach draußen,
sobald sie eine Höhe von
etwa 10 cm erreicht haben.
Achtung, stellen Sie sie
nicht gleich in die pralle
Sonne, sonst bekommen
die Blätter Sonnenbrand.
Vergessen Sie nicht, die
Pflanzen abends wieder
hereinzuholen, damit sie
nicht erfrieren. Nach den
Eisheiligen können sie ins
Freiland gepflanzt werden.

Für die Aussaat in Töpfen kann nicht jede beliebige Erde verwendet werden. Füllen Sie die Gefäße mit **Anzuchterde**. Diese ist etwas lockerer, sodass die winzigen Samen gut aufgehen können. Wenn Sie eine zu schwere Erde verwenden, entwickeln sich die Wurzeln nicht gut, die kleinen Pflanzen werden schwach oder sterben ab. Das Keimen von Samen ist ein sehr empfindlicher Prozess. Der erfolgreiche Verlauf hängt von zwei wichtigen Faktoren ab: **Temperatur und Bewässerung.**

Bei der Temperatur sollten Sie große Schwankungen vermeiden, und sie sollte weder zu niedrig noch zu hoch sein. Eine optimale Temperatur liegt zwischen 18 und 23 °C. Eine Ausnahme sind Tomaten, Chili, Paprika und Auberginen, die Temperaturen zwischen 20 und 25 °C bevorzugen. Zum Gießen: Vermeiden Sie es, die Erde nach der Aussaat der Samen austrocknen zu lassen. Wenn die Samen zu keimen beginnen, reagieren sie extrem empfindlich auf Feuchtigkeit. Ist die Pflanzerde zu trocken, vetrocknet die junge Wurzel und die Pflanze stirbt ab. Ist die Erde hingegen zu nass, ertränken Sie die Pflanze und der Samen wird verfaulen. Finden Sie einen Mittelweg, indem Sie die Erde immer leicht feucht halten.

INS FREILAND

Einige Pflanzen wie Möhren, Radieschen, Rote Bete oder auch Blumensamen müssen direkt ins Freiland gesät werden. Um eine gute Keimung in der Erde zu gewährleisten, muss sie bearbeitet werden. Entfernen Sie dazu zunächst alle Unkräuter mit der **Hacke**. Lockern Sie dann das Stück Erde, auf dem Sie säen werden, mit der **Kralle** auf und ebnen Sie anschließend den Boden mit dem **Rechen** ein.

Mein Gemüsegarten vor der Freiland-Aussaat.

Manche Samen sind extrem empfindlich. Daher sollte man darauf achten, dass die Erde möglichst feinkrümelig ist und keine großen Klumpen entstehen. Verwenden Sie dann die Schnur, um in einer geraden Linie zu säen, und ziehen Sie eine Rille, die höchstens doppelt so tief ist wie die Samen.

TIPP Sobald die Saatrille ausgehoben ist, befeuchten Sie sie, damit die Samen kleben bleiben und nicht wegfliegen.

Da die Bohnenpflanzen schmal in die Höhe wachsen, säen Sie eine große Menge an Samen aus, um eine reichere Ernte zu erzielen.

TIPP Fügen Sie etwas Blumenerde und feinen Sand hinzu, um die Erde zu lockern.

Legen Sie die Samen in die Rille und verschließen Sie sie sorgfältig. Gießen Sie vorsichtig mit der Brause und achten Sie darauf, dass die Erde in den ersten Tagen nicht austrocknet. Jede Art wird auf etwas andere Weise ausgesät und benötigt eine **spezielle Pflege**. All diese Informationen sind in der Regel auf den Samentütchen angegeben.

Gemüse wie Möhren, Radieschen, Frühlingszwiebeln oder Rote Bete müssen nach dem Keimen **ausgedünnt** werden, damit die Pflanzen genug Platz zum Wachsen haben. Dazu werden dicht stehende Pflanzen, wenn sie noch ganz jung sind und sich leicht entfernen lassen, einfach herausgezupft. Bei Möhren und Radieschen können Sie dies tun, wenn Sie ernten.

ERNTEN AUF KLEINSTER FLÄCHE

PLATZ GEWINNEN

Ich werde oft gefragt, wie ich es schaffe, auf nur 15 m² Fläche einen so hohen Ertrag zu erzielen. Meine Antwort darauf: **Einfach kreativ sein!** Mit ein wenig Fantasie kann man den Platz besser optimieren, als man meinen würde! Wenn Sie sich meinen Gemüsegarten ansehen, so ist das kein traditioneller, eintöniger Gemüsegarten. Im Gegenteil, es ist ein ziemlich dichter Dschungel aus Gemüse und Blumen mit kleinen, originellen Ecken voller aromatischer Kräuter und äußerst seltener Gemüsesorten wie Kiwano, Mexikanische Minigurke oder Cucuzza-Kürbis! Wer nur ein kleines Stückchen Land zur Verfügung hat, muss **erfinderisch sein** und **jede noch so kleine Fläche ausnutzen.** Um Ihnen dabei zu

Ich versuche, den Gemüsegarten möglichst dicht anzubauen:
Jeder Platz ist besetzt, sogar die Zäune!

helfen, habe ich einige wirkungsvolle Techniken zusammengestellt, die ich in meinem Gemüsegarten umsetze. Viele dieser Techniken werden in der **Permakultur** angewandt, die für mich eine große Inspirationsquelle ist. Sie finden die Quintessenz der Grundsätze im ganzen Buch verteilt (Mischkultur, biologische Vielfalt usw.).

∗ Zunächst einmal sollten Sie den Abstand zwischen den einzelnen Pflanzen verringern. In meinem Gemüsegarten pflanze ich enger als es in herkömmlichen Büchern oder auf Samenpackungen empfohlen wird. Dadurch kommen etwa 25 % mehr Pflanzen hinzu. Ein weiterer Vorteil ist, dass Unkraut keinen Platz mehr findet. Und es ist gut für die Erde, wenn sie nicht kahl, sondern immer bedeckt ist.

∗ Legen Sie Pflanzengemein-schaften an. Kombinieren Sie hoch-wachsende Pflanzen mit niedrigeren oder rankenden Pflanzen usw. Die Pflanzen werden sich gegenseitig helfen. Man sollte zudem Pflanzen wählen, die nicht gleich groß sind und deren Wurzeln unterschiedlich tief reichen. Sie werden dem Boden nicht die gleichen Nährstoffe ent-ziehen und einige werden sogar zur Schädlingsabwehr bei anderen

Pflanzen fungieren. Die Tomate hält zum Beispiel die Möhrenfliege fern. Man sagt sogar, dass Mischkulturen den Geschmack von Gemüse verbes-sern. Ich denke, das sind genug Gründe, um damit anzufangen!

Einige bekannte Beispiele, die sich bewährt haben:
- **Kürbis, Mais und Bohnen.** Die Maispflanzen werden in die Höhe wachsen und als Stützen für die Bohnen fungieren. Die Kürbisse (oder Zucchini) hingegen werden sich am Boden entwickeln. Diese Kombination wurde schon vor Jahrhunderten von den Mayas in Südamerika verwendet!
- **Tomaten, Basilikum und eine Weinrebe.** Die Weinrebe wird in die Höhe klettern, Schatten spenden und Feuchtigkeit abgeben, was das Wachstum der Tomaten fördert. Das Basilikum wird durch seinen starken Geruch Schädlinge von den Tomaten fernhalten.

∗ Wenn es keinen Platz mehr auf dem Boden gibt, holen Sie ihn sich in der Höhe! Verwenden Sie Bambusstäbe, Haselnusszweige und andere Materialien als Rankhilfen oder Tipis, um Bohnen, Erbsen, Tomaten, Kürbisse, Zucchini und andere Pflanzen, die senkrecht klet-tern können, anzubauen. Das spart Ihnen eine Menge Platz! Wenn

Pflanzen in der **Vertikalen** wachsen, hat das noch weitere Vorteile: Ihre Pflanzen sind gesünder (Sie haben einen schnelleren Blick auf mögliche Krankheiten), sie produzieren mehr Ertrag, weil sie besser belüftet werden. Und das tollste ist, dass Sie sich bei der Ernte nicht mehr bücken müssen! Pflanzen vertikal wachsen zu lassen, verleiht dem Gemüsegarten ein idyllisches Aussehen.

✽ **Lassen Sie Pflanzen auch am Zaun um Ihren Gemüsegarten herum wachsen:** Wicken, Kürbisse, kletternde Blumenarten. Einer meiner letzten Versuche bestand darin, Kirschtomaten an meinem Holzzaun wachsen zu lassen. Der Erfolg war groß. Ich konnte ganze Körbe füllen. Auch wenn man die Geiztriebe bei Tomaten normalerweise abschneidet, lassen Sie diese Stängel einfach mal stehen und weben Sie sie in die Zaunlatten ein, um eine Mauer aus Kirschtomaten zu errichten. Ihre Gäste werden sich freuen, dass sie bei jedem Vorübergehen davon kosten können!

Rankhilfen unterstützen die Pflanzen dabei, in die Höhe zu wachsen.

Ich lasse Kapuzinerkresse und Tomaten an den Zäunen hochklettern – das sieht schön aus und bringt mehr Ertrag!

Meine köstlichen Salate in schnecken-sicheren Töpfen!

Ich baue auch Tomaten, Auberginen und Chilis in großen Tontöpfen an (Durchmesser mind. 30 cm für Auberginen und Chilis, mind. 50 cm für Tomaten). Geben Sie Kompost auf den Boden der Töpfe und bedecken Sie alles mit Pflanzenerde. Pflanzen Sie das Gemüse hinein und gießen Sie es gut. Die Terrakottatöpfe werden sich durch die Sonnenstrahlen erwärmen und ihre Wärme nach und nach über Nacht abgeben. Dies regt das Wachstum der mediterranen Pflanzen an.

★ **Wenn Sie keinen Flecken Erde mehr frei haben, schaffen Sie sich Fläche!** Lassen Sie zum Beispiel Salat in Tontöpfen wachsen und hängen Sie diese am Zaun auf. Das hat mehrere Vorteile: Sie sparen Platz in Ihrem Gemüsegarten, Nacktschnecken haben keinen Zugang mehr zu den leckeren Blättern und Sie haben in nur 3 Wochen (wenn Sie mit kleinen Pflanzen beginnen) schöne Salate. Achten Sie jedoch auf das Gießen, da Topfpflanzen in der Regel schneller austrocknen.

Dank all dieser Ideen vergrößerte sich meine Anbaufläche von 15 auf fast 40 m²! Aus diesem Grund ist Kreativität im Gemüsegarten extrem wichtig. Sie gibt mir die Möglichkeit, auf einem winzigen Stückchen Land eine Fülle von Gemüse, Blumen und Kräutern zu kultivieren.

WUSSTEN SIE ...? Wurzeln bilden ein sehr dichtes Netzwerk, das es anderen Jungpflanzen kaum erlaubt, sich zu entwickeln. Tauschen Sie die Pflanzenerde nach jeder Saison lieber aus. Kippen Sie die verbrauchte Erde auf Ihren Komposthaufen, um sie wiederzuverwenden, nachdem sich die Wurzeln zersetzt haben.

HÖCHSTE ZEIT, DIE PFLANZEN NACH DRAUßEN ZU BRINGEN

Sobald die Eisheiligen und der letzte Frost vorbei sind, muss alles so schnell wie möglich ins Freie gepflanzt werden, damit die Ernte so früh wie möglich beginnen kann.

TIPP Bevor Sie mit dem Pflanzen beginnen, markieren Sie die Parzellen der einzelnen Arten mit weißem Sand. Dies hilft Ihnen, die Standorte zu visualisieren und problemlos zu korrigieren.

Die ersten Wochen im Freien werden intensiv sein, da die Jungpflanzen empfindlich und anfällig sind. Sie müssen ihre **Wachsamkeit verdoppeln**. Gehen Sie mindestens **einmal täglich** in den Gemüsegarten, um zu sehen, wie es den Pflanzen geht. Sie können von Krankheiten und Schädlingen befallen, von Nacktschnecken (die Jungpflanzen lieben) gefressen, von Vögeln ruiniert, durch Hagel oder Wind zerstört werden …

Hier sind die häufigsten Probleme:

NACKTSCHNECKEN

Dies ist wahrscheinlich der größte Albtraum eines jeden Gärtners. Auch wenn diese kleinen Biester langsam und harmlos erscheinen, können sie in nur wenigen Stunden eine riesige Menge an Pflanzen abfressen. Sie tauchen im Frühling auf, wenn die Pflanzen noch jung und ihre Blätter sehr zart sind, meistens während und nach Regen, am Abend, aber auch nachts, wenn die Luftfeuchtigkeit steigt. Ich habe bereits mehrere Lösungen getestet, aber nicht alle sind gleich effektiv und gut für Ihren Gemüsegarten.

★ **Sand: Mein Lieblingsmittel** zur Bekämpfung dieser kleinen Tierchen. In meiner Region kaufe ich Rheinsand, der kleine, spitze Muschelstücke enthält, die für Nacktschnecken sehr störend sind. Der Sand muss Muschelstücke enthalten, denn sie sind es, die die Tierchen vertreiben. Streuen Sie einen etwa 5 cm breiten und gut 1 cm hohen Sandstreifen um Ihre Pflanzen. Er wird nicht nur Nacktschnecken von Ihren Pflanzen fernhalten, sondern auch Ihren Boden leichter machen und ist eine finanziell günstige Lösung, hat also nur Vorteile!

FRÜHJAHR

Junge, vitale Blätter sind eine leichte Beute für unsere kleinen, schleimigen Feinde.

★ **Eierschalen:** Dasselbe Prinzip wie beim Rheinsand. Die Schalen werden die Schnecken stören und ihnen den Weg versperren. Brechen Sie die Eierschalen in kleine Stücke von etwa 5 mm. Legen Sie sie dann rund um Ihre Anpflanzungen aus. Das ist eine gute Alternative, wenn Sie viele Eier essen, aber ich persönlich bin kein großer Fan von Eiern, daher ist es für mich schwierig, genügend Schalen zu bekommen.

★ **Eine Untertasse mit Bier:** Bier hält Nacktschnecken nicht fern, ganz im Gegenteil. Das Bier ist ein Köder und lockt sie an, um sie dann in einem Bierbad zu ertränken. Achten Sie darauf, dass Sie die Untertasse mit Bier nicht zu nah an Ihre Pflanzen stellen. In Kombination mit Sand kann dies eine hervorragende Lösung sein. Am besten setzt man mehrere Methoden ein, um möglichst effektiv zu sein.

★ **Biologische Schneckenpellets:** Die biologischen Pellets sind wirkungsvoll, biologisch abbaubar und nicht giftig für andere Insekten und Tiere, aber sie sind teuer.

★ **Von Hand entfernen:** Eine letzte etwas eklige Lösung ist, sie von Hand aufzulesen und zu entfernen. Schauen Sie unter Blumentöpfe, organische Abfälle wie Blätter usw. Schnecken verstecken sich gerne dort, wo es feucht und schattig ist.

★ **Aufräumen:** Ich empfehle Ihnen, nichts herumliegen zu lassen, was kühle und feuchte Stellen liefert, denn ein Laubhaufen oder ein Topf ist ein idealer Zufluchtsort für diese Tiere. Geben Sie sie in einen Sammelbehälter und tragen Sie sie weit, weit weg von Ihrem Garten.

Was man um jeden Preis vermeiden sollte
✱ **Salz:** Vielleicht haben Sie es schon einmal ausprobiert, Salz auf diese kleinen, schleimigen Tiere zu streuen. Dann haben Sie sicher festgestellt, dass diese Methode sehr effizient zur Bekämpfung führt, aber diese Lösung ist keineswegs umweltfreundlich. Das Salz schädigt die Gesundheit des Bodens, der Pflanzen und der Insekten, die dort leben. Dies ist also nicht zu empfehlen: Sparen Sie sich Ihr Salz für die Küche auf ...
✱ **Nicht-biologisches Granulat:** Ein weiteres Produkt, das Sie auf keinen Fall verwenden sollten. Schneckenkorn ist extrem giftig, nicht nur für Schnecken, sondern auch für den Rest des Ökosystems. Haben Sie Lust, in einer giftigen Umgebung zu gärtnern?

EIN STURM ODER WIND
Pflanzen wie Sonnenblumen, Tomaten, Gurken und Auberginen sind extrem empfindlich. Stellen Sie Stützen auf, damit die Pflanzen nicht durch Windböen abbrechen.

Eine kleine Fenchelpflanze, die von einer Elster ausgerissen wurde.

VÖGEL
Große Vögel wie Krähen, Tauben oder Elstern besuchen gerne den Gemüsegarten. Sie können dann junge Pflanzen ausgraben, Töpfe zerbrechen, Beeren fressen usw. Spannen Sie zum Schutz Netze über die Anpflanzungen, wenn es zu viele Vögel gibt.

HAGEL
Ein natürliches Phänomen, aber erbarmungslos. Innerhalb weniger Minuten können Sie all Ihre Jungpflanzen verlieren. Schützen Sie sie bei angekündigten Stürmen mit Glasglocken oder umgedrehten Salatschüsseln.

ÖKOSYSTEM

Einer der wichtigsten Punkte, die man auch im eigenen Gemüsegarten bedenken sollte, ist das Ökosystem. Was ist das? Ein Ökosystem ist die Gesamtheit aller **Interaktionen von Pflanzen, Tieren und anderen lebendigen Organismen.** Wenn das Ökosystem gesund und intakt ist, reguliert es sich von selbst. Wenn es gestört ist, treten Parasiten und Krankheiten auf. Man muss also gut darauf achten.

Nur ungiftige Produkte zu verwenden und die Insekten zu respektieren sind für mich die beiden wichtigsten Punkte, um die Artenvielfalt in meinem Garten zu erhalten. Toxische Produkte wie chemische Unkrautvernichtungsmittel oder Insektizide töten Insekten und schaden dem Bodenleben und unserer Gesundheit. Man muss sich immer vor Augen halten, dass in der Erde unserer Gemüsegärten **Milliarden von Mikroorganismen** und Tierchen aller Arten leben, darunter zum Beispiel Regenwürmer. Ein guter, ertragreicher Boden ist immer zugleich reichlich belebt. Auch wenn wir die Mikroorganismen nicht sehen, arbeiten sie

doch fleißig und wir sollten sie nicht schädigen.

Insekten haben eine lebenswichtige Funktion für den Garten, weil sie durch **Bestäubung** die Fortpflanzung der Pflanzen garantieren und damit den Ertrag von Früchten oder Gemüsen steigern. Denn daraus entstehen die Samen.

5-STERNE-HOTEL FÜR INSEKTEN

Kleine Tiere wie Bienen, Marienkäfer, Ohrenkneifer und Florfliegen sind für den Gemüsegarten unverzichtbar. Sie spielen eine bedeutende Rolle im Kampf gegen Krankheiten. Wir sollten uns unbedingt um sie kümmern, indem wir ihnen im Gemüsegarten ein Zuhause bauen. Viele meiner Gäste sind angesichts meines Insektenhotels unendlich begeistert und fragen, wo ich es gekauft habe. Ich antworte dann stolz, dass ich der Architekt des Bauwerks bin! Meine Insektenbehausungen gibt es **in unterschiedlichen Größen, Formen und Materialien.** Das größte, das ich

Finden Sie dieses Insektenhotel nicht auch einladend?

Eine solitär lebende Wildbiene bezieht eines der Löcher im Holz.

Ökosystem   49

gebaut habe, ist etwa 1 m hoch und mit Bambus, Tannennadeln, Zapfen usw. gefüllt.

✶ Warum habe ich mein Insektenhotel selbst gebaut?

Vor einigen Jahren habe ich ein Insektenhotel gekauft und schon bald nach dem Aufhängen war ich überwältigt von der Anzahl der Bienen und Insekten, die sich einfanden. Ich beobachtete die kleinen Tierchen, wie sie nach der Eiablage sorgfältig die kleinen Bambusröhren mit Lehm verschlossen. Unglaublich für mich, sie so aus der Nähe **beobachten** zu können! Mir wurde klar, wie sie ihr Habitat einrichteten, wie verschiedene Arten miteinander lebten, welche Blüten sie verlockend fanden.

Ich konnte zudem sehen, dass es unterschiedliche Wildbienenarten gibt, und entdeckte Insekten, die ich vorher niemals bemerkt hatte. Irgendwann fand ich dann eine Anleitung, wie man ein Insektenhotel selbst bauen kann, und stürzte mich in die Arbeit! Einige Wochen später beherbergte ein kleines Hotel von 40 × 30 cm Größe die ersten Gäste. Als sich mein Garten im Jahr 2016 vergrößert hatte, baute ich ein wesentlich größeres Hotel. Hier ist der Plan dazu.

✶ Struktur

Dies sind die Materialien, die man für den ersten Bauabschnitt benötigt:
- **Eine große Holzplatte**, die als Rückwand dient. Die Größe von 82 × 95 cm und eine Stärke von mindestens 7 mm sind nötig, weil sie das ganze Gewicht des Baus trägt. Meines wiegt 14 kg.
- **Holzbretter,** 10 cm breit, 1 cm dick (insgesamt 4 m lang)
- **Schrauben.** Ich verwende keinen Kleber, weil dieser meistens nicht besonders umweltverträglich ist.

WUSSTEN SIE …? Gut durchgetrocknetes Holz, verzieht sich nicht.

TIPP Insekten bevorzugen unbehandeltes Holz von Obstbäumen, Akazien und Eichen. Vorsicht bei der Verwendung von Nadelholz, weil die Insekten wegen des Harzes daran kleben bleiben können. Für mein Insektenhotel habe ich recycelte Materialien und FSC-zertifiziertes Holz verwendet, um den ökologischen Fußabdruck gering zu halten.

✴ Bau

- Sägen Sie die Platte so zu, dass nebenstehendes Bild entsteht.
- Schneiden Sie die Bretter auf folgende Längen:
  - 3 Bretter mit 80 cm Länge
  - 1 Brett mit 79 cm Länge
  - 2 Bretter mit 52 cm Länge
- Schrauben Sie alles wie in der Illustration rechts zusammen.

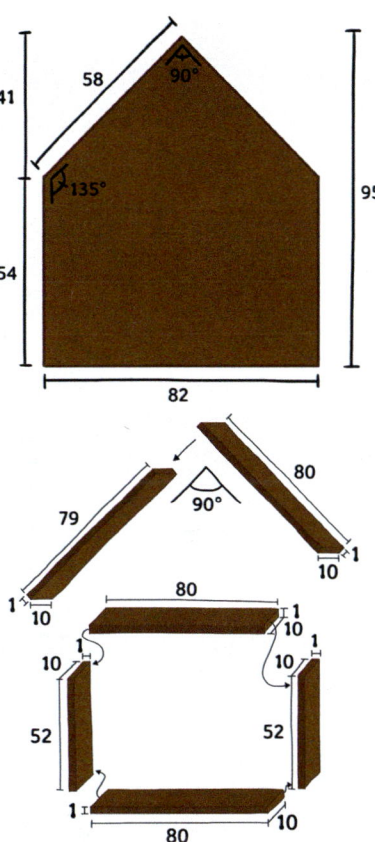

WUSSTEN SIE ...? Winkel aus Metall eignen sich am besten, um die Ecken zu verstärken.
Befestigen Sie die Grundstruktur an der rückwärtigen Platte mit ordentlichen Schrauben (sie müssen das Gewicht des Hotels halten).

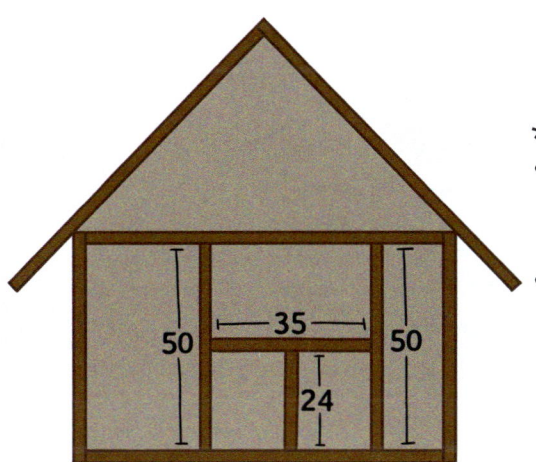

✴ Einteilung

- Sie können Ihr Insektenhotel individuell gestalten, in dem Sie die Größe der Fächer variieren.
- Das Insektenhotel in meinem Gemüsegarten habe ich einfach gestaltet:
  - 2 Bretter mit 50 cm Länge
  - 1 Brett mit 35 cm Länge
  - 1 Brett mit 24 cm Länge

✳ Einrichtung

Das wichtigste ist die Füllung der einzelnen Fächer. Tatsächlich bestimmt dieses Material, welche Insekten Sie anlocken.

	MATERIAL	HINWEIS	INSEKTEN
1.	Mit Löchern versehene Ast- oder Stammstücke (besser kein Stirnholz)	Die Löcher müssen im rechten Winkel zur Holzoberfläche und zum Faserverlauf gebohrt werden, benötigen einen Durchmesser von 3–5 mm und eine Tiefe von 7 cm. Halten Sie einen Abstand von 1–2 cm zwischen den Löchern ein, damit sich im Laufe der Zeit keine Risse bilden.	Solitär lebende Bienen und Wespen
2.	Bambus	Achten Sie darauf, dass der Bambus nicht schadhaft ist, innen sauber und die Röhren bis zum Internodium mindestens 7 cm tief reichen. Verwenden Sie nicht zu dicke Bambusstangen (über 1,5 cm).	Solitärbienen
3.	Abschnitt, der mit einer geschlitzten Holzplatte verschlossen ist	Legen Sie feines Reisig hinein, damit sich die Raupen darin verpuppen und in Schmetterlinge verwandeln können.	Raupen von Schmetterlingen
4.	Abschnitt, der mit einer Holzplatte verschlossen ist, die kreisrunde Löcher von 1 cm Durchmesser aufweist	Füllen Sie dieses Fach mit Stroh oder Heu, damit die Insekten sich verstecken und darin überwintern können.	Marienkäfer und Ohrenkneifer
5.	Kleine Holzscheitchen ohne Löcher	Lassen Sie zwischen den Holzstücken etwas Platz, damit die Insekten dazwischen hineinkriechen können.	Florfliegen und Marienkäfer
6.	Reisig	Verwenden Sie frisch geschnittene Ästchen, andernfalls besteht die Gefahr, dass dieses Fach mit Erde verschmutzt wird.	Ohrenkneifer, Spinnen und Florfliegen
7.	Angebohrte Zweige	Bohren Sie Löcher von 2–3 mm Durchmesser für die kleinsten Insekten hinein.	Solitärbienen und -wespen
8.	Pinienzapfen	Befüllen Sie dieses Fach bei Feuchtigkeit, wenn die Zapfen geschlossen sind. Andernfalls verringert sich das Volumen mit der Zeit zu stark. Verschließen Sie diesen Bereich mit Bindedraht oder Bambus.	Ohrenkneifer

Es gibt auch andere Materialien zum Füllen der Fächer:
Lochziegel für Solitär- und Mauerbienen, Holzspäne und Rinde für Marienkäfer, Florfliegen und Ohrenkneifer, Lehm für Mauerbienen, markhaltige Stängel für Schwebfliegen usw.

TIPP Wilde Bienen und Wespen legen pro Bambusröhre ein Ei, füllen die Nahrungsvorräte auf und verschließen es mit Erde. Sobald sich die Larve in eine solitäre Biene oder Wespe verwandelt hat, findet sie ihren Weg nach draußen und lässt den Abfall zurück. Die Bambusröhrchen werden nicht von einer anderen Biene oder Wespe weiter genutzt sondern müssen ausgetauscht werden.

Was die Füllmaterialien betrifft, so sollte man diese **alle 2–3 Jahre erneuern**, um das Hotel für die nächsten Besucher sauber zu halten. Streichen oder lackieren Sie die Bretter nicht, da diese Produkte hochgradig schädlich für Insekten sind (selbst umweltfreundliche Farben).

✱ Wo sollte das Insektenhotel aufgestellt werden?

Um möglichst viele Besucher anzulocken, sollten folgende Kriterien erfüllt sein:
Der Standort sollte **in der Sonne** liegen, um die Brutstätten der Insekten zu erwärmen.

Das Hotel sollte an einem **trockenen Platz** aufgestellt werden. Andernfalls riskieren Sie Pilz- und Schimmelbefall, was die Insekten fernhält. Achten Sie darauf, dass **Blumen in der Nähe** sind, um den Insekten die Nahrungsaufnahme zu erleichtern (> Seite 57).
Achten Sie auch darauf, dass das Hotel fest montiert ist und **stabil** steht.

TIPP Diesen Sommer besuchte ich einen Imker, der mir erklärte, dass es die Bienen stört, wenn sie den Bienenstock auch nur um ein paar Zentimeter verschieben. Bienen haben ein sehr genaues internes GPS, das ihnen den Weg nach Hause weist. Wenn das Hotel also einmal aufgestellt ist, sollten Sie es nicht mehr verrücken.

∗ Andere Gestaltungen

Hier sehen Sie ein paar Anregungen, wie man Insektenhotels noch gestalten kann.

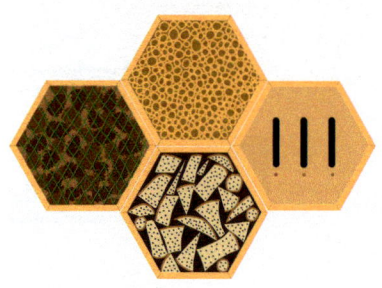

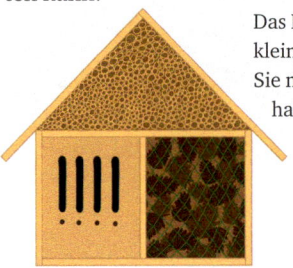

Das Basic-Hotel: Die kleine Version, wenn Sie nicht viel Platz haben.

Die Bienenwaben: Nett und praktisch, denn Sie können mehrere Waben nebeneinander aufstellen und so die Form eines Bienenstocks nachbilden.

Der Insektenturm: Perfekt für kleine Gemüsegärten, da er nicht viel Platz auf dem Boden einnimmt.

Die noble Villa: Ein Hotel für erfahrene Heimwerker, aber ein wahres Paradies für unsere kleinen Freunde. Es kann dank seiner großen Materialvielfalt viele verschiedene Arten von Insekten beherbergen.

✳ Kleine Hütte

Hier ist eine alternative Möglichkeit, für die Sie nur 5 Minuten brauchen! Sie ist einfach, billig und schnell gemacht.

Sie benötigen Folgendes:
- einen Tontopf mit einem Durchmesser von 10 cm (man kann auch größere Töpfe verwenden, aber 10 cm Durchmesser sind ideal)
- einen kleinen, recht stabilen Ast, etwa 10 cm lang
- Stroh
- eine Schnur von etwa 1 m Länge

❶ Befestigen Sie die beiden Enden der Schnur an dem Ast. Knoten Sie sie gut fest, sonst könnte der Topf herunterfallen!

❷ Fädeln Sie die Schnur durch das Loch.

❸ Füllen Sie den Topf mit Stroh. Stopfen Sie ruhig eine große Menge hinein; das Stroh darf über den Topf hinausragen, das stört nicht.

❹ Ziehen Sie an der Schnur und klemmen Sie den Ast in die Öffnung des Topfes. Dieser verhindert, dass das Stroh herausfällt.

❺ Der Topf ist bereit zum Aufhängen!

TIPP Hängen Sie den Topf an einen Ort mit einer hohen Pflanzendichte. Kleine Insekten werden sich dort wohler fühlen.

Diese Blumen brauchen keine Pflege, und doch verändern sie alles im Gemüsegarten – sie bringen Biodiversität und Schönheit!

WILDBLUMEN

Nun, da Sie ein wunderschönes Hotel gebaut haben, ist das beste Mittel zum Anlocken der Bestäuber, dass Sie Blumen säen. Diese enthalten Nektar, wovon die Bestäuber sich ernähren. Während der Bestäubung fliegen die Insekten von Blüte zu Blüte und bringen dabei Pollen – der von den männlichen Blüten produziert wird – zu den weiblichen Blüten. Voilà, der Erhalt der Art ist gesichert! Die Pflanze wird dann eine Frucht hervorbringen, die ihre Samen für das nächste Jahr enthält.

Samen und Blüte einer Kosmee.

FRÜHJAHR

TIPP Schneiden Sie die verwelkten Blüten ab, damit die Pflanze den ganzen Sommer über Blüten hervorbringt. Gegen Ende August sollten Sie sie aber stehen lassen, damit sich Samen bilden können.

Am einfachsten ist es meiner Meinung nach, Blumen als Mischungen aus verschiedenen Arten zu **säen**. Das Aussäen geht schneller und ist billiger, als Blumen im Gartencenter zu kaufen. Man kann sie überall in meinem Gemüsegarten finden! In der **Wildblumenecke** stehen Klatschmohn, Kornblumen, Buschmalven, Wiesenhahnenfuß, Kosmeen, Wicken, Gänseblümchen, Zinnien, Mohnblumen, Kalifornischer Kappenmohn, Sonnenblumen, Scheinsonnenhut, Astern, Buchweizen, Phacelia, Skabiosen, Natternkopf, Roter Lein, Nieswurz, Strahlengriffel, Wiesen-Schaumkraut, Jungfer im Grünen. Zwischen den Wildblumen kann man auch **essbare Blüten** wie die von Borretsch, Ringelblume und Kapuzinerkresse finden. Sie werden Ihre Salate aufpeppen!

Dahinter im Gemüsegarten befindet sich eine kleine **Kräuterecke** mit Thymian, Rosmarin, Salbei, Ysop und Lavendel, die im Frühling blühen. Im Spätsommer werden sie von Kamille, Koriander, Dill und Duftnessel abgelöst.

Ich habe auch einige Blumen zwischen das Gemüse gepflanzt, zum Beispiel Dahlien. Besonders liebe ich die Blüten des Fenchels und der Kürbisgewächse.

TIPP Ihr Garten liefert Ihnen kostenlose Blumensträuße, mit denen Sie Ihre Tische dekorieren können!

IM SOMMER

DEN BODEN HEGEN UND PFLEGEN

Die Erde ist das Gold des Gemüsegartens – ihr verdanken wir schließlich die köstlichen Ernten! Dafür muss man sie aber auch gut pflegen, um einen möglichst hohen Ertrag zu erzielen.

HUMUS, EINE UNVERZICHTBARE SCHICHT

Im gewachsenen Boden befindet sich im oberen Bereich eine Schicht namens „Humus", die unsere Erde so fruchtbar macht. Humus besteht aus sich zersetzendem organischem Material und enthält viele Nährstoffe, die für das Wachstum der Pflanzen wichtig sind. Im Garten müssen wir diese Schicht immer wieder durch Mulchen ergänzen. Weil die Humusschicht sich am besten in feuchter Erde entwickelt, muss man im Sommer darauf achten, dass der Boden nicht austrocknet.

Mein Boden ist reicher an Nährstoffen geworden, seit ich mit meinem Gemüsegarten begonnen habe. Einen guten Boden erkennt man an einer dunklen, lockeren Erde.

MULCHEN: VOR- UND NACHTEILE

Eine Möglichkeit, den Humus zu ergänzen, besteht darin, den Boden mit einer Schicht aus organischem Material wie Blättern, Stroh oder auch Rinde zu bedecken. Das nennt man Mulchen.

Diese Schicht hält die Erde feucht, indem sie die Verdunstung verringert, sodass wir weniger gießen müssen. Außerdem verhindert sie das Aufkommen von Unkraut. Ein weiterer Vorteil besteht darin, dass diese Schicht den Boden vor Frost schützt. Man kann also länger im Jahr Gemüse anbauen. Trotz allem haben aber das Mulchen oder das Ausbringen von Stroh auch einige bedeutende Nachteile, die es zu beachten gilt. Ich habe ein Jahr lang gemulcht, mich dann aber aufgrund zweier entscheidender Nachteile dazu entschlossen, damit aufzuhören. Die Schicht aus organischem Material schafft einen feuchten Ort, der ideal ist, um dort ganze Sippen von Nacktschnecken zu beherbergen.

SOMMER

63

Mit der Zeit haben sie meinen Garten überrannt. Ein zweiter Grund ist, dass die Erde nicht mehr atmen kann. Alphonse hat mich immer gelehrt, dass es Gold wert ist, den Boden um die Pflanzen herum aufzulockern, und ich muss ihm vollkommen Recht geben. Ich habe einen echten Unterschied bemerkt, seit ich diesen guten Rat befolge. Das regelmäßige Aufkratzen der Erde um die Pflanzungen herum belüftet die dünne oberste Bodenschicht (gemäß der bekannten Gärtnerweisheit: „Einmal harken harken spart zweimal gießen!"). Dadurch werden die unteren Schichten vor dem Austrocknen geschützt, und man verhindert zudem, dass Unkraut wachsen kann. Wenn es regnet, kann das Wasser leichter und tiefer in die Erde eindringen.

UNKRAUT IN SCHACH HALTEN

Zu Beginn des Sommers wachsen die Pflanzen extrem schnell und auch das Unkraut gedeiht. Einem Anfänger kann es leicht passieren, dass diese unerwünschten Pflanzen den Garten überwuchern. Hier sind meine Tipps, wie Sie Ordnung in Ihrem Gemüsegarten halten können.

✶ Kratzen Sie mit der Kralle die Erde um Ihre Pflanzen herum auf. Dies verhindert, dass dort Samen keimen können.

✶ Verwenden Sie 5 Minuten Ihrer täglichen Inspektion des Gemüsegartens auf das Unkraut. Entfernen Sie es von Hand oder mit der Hacke. Ein bisschen Arbeit jeden Tag macht einen großen Unterschied, das dürfen Sie mir glauben!

✶ Pflanzen Sie Blumen oder Kräuter an Stellen mit nacktem Boden. Das reduziert den Platz für unerwünschte Pflanzen.

✶ Bedecken Sie die Wege (wo häufig Unkraut wächst) mit Holzhäcksel oder anderem Mulch. Das schränkt das Wachstum ein und es wird leichter, das Unkraut zu entfernen.

SOMMER

65

DAS RICHTIGE MASS BEIM GIEßEN

Hohe Temperaturen im Sommer gehen mit Sicherheit mit starker Dürre einher. Wenn die Pflanzen nicht genug Wasser erhalten, kann es bei einigen Arten zu **wasserbedingtem Stress** kommen. Das kann Fruchtfäule, gelbe Blätter oder verfrühten Samenansatz zur Folge haben.

Um zu verhindern, dass Ihre Pflanzen **unter Wassermangel leiden**, gibt es einige Tricks:

★ **Gießen Sie Ihre Pflanzen am Abend**, um die Verdunstung des Wassers weitestgehend zu verhindern. Die Pflanzen haben dann die ganze Nacht Zeit zur Wasseraufnahme. Wenn Sie abends keine Zeit haben, gießen Sie Ihre Pflanzen am frühen Morgen.

★ **Bringen Sie Wasser in den Wurzelbereich der Pflanzen**. Einige Pflanzen wie Tomaten, Kürbisse, Auberginen und Chili hassen es, wenn ihre Blätter nass sind. Das macht sie anfälliger für Krankheiten. An den Füßen empfindlicher Pflanzen versenke ich Tontöpfe in den Boden, das Wasser kommt dann besser in den Wurzelbereich, ohne die Erde wegzuschwemmen.

★ **Je dichter Ihr Garten ist, desto mehr Schatten** wird es geben, was eine gewisse Kühle erzeugt. Dies wird den Verdunstungsprozess verlangsamen.

> **TIPP** Vergessen Sie unsere Freunde, die Insekten und Vögel nicht! Auch sie sind durstig. Stellen Sie kleine Wasserschalen an verschiedenen Stellen in Ihrem Garten auf, Zweige oder Holzklötzchen darin verhindern, dass die Bestäuber ertrinken.

★ **Harken Sie den Boden oberflächlich** um die Pflanzungen herum auf. Durch diese Belüftung des Bodens entsteht eine Schutzschicht gegen Verdunstung und der Boden nimmt Gieß- oder Regenwasser leichter auf.

SOMMER

67

✱ Alphonse hat mir eine ausgezeichnete Technik beigebracht. Sie besteht darin, ... **den Pflanzen kein Wasser zu geben**! Das mag widersprüchlich klingen, funktioniert aber wunderbar. Wenn Sie Ihre Pflanzen nur dann gießen, wenn sie es unbedingt brauchen, gewöhnen Sie sie daran, mit kleinen Wassermengen auszukommen. Die Wurzeln werden weiter wachsen, um sich das Wasser aus tieferen Erdschichten zu holen. Diese Methode funktioniert allerdings nicht bei Fruchtgemüse, das viel Wasser enthält, wie beispielsweise Tomaten, Gurken, Zucchini, Kürbisse. Diese Pflanzen müssen also regelmäßig gegossen werden.

TIPP Um eine hohe Wasserrechnung zu vermeiden und Ihre ökologischen Auswirkungen zu begrenzen, sollten Sie Regenwasser auffangen. Es wird im Gegensatz zu Trinkwasser nicht aufbereitet und ist daher besser für unsere Pflanzen, man sagt sogar, dass es mehr Mineralien enthalte.

✱ **Setzen Sie Oyas in den Wurzelbereich Ihrer Pflanzen!** Oyas sind Wasserbehälter aus Terrakotta. Man kann sie fertig kaufen, aber sie sind ziemlich teuer. Ich stelle sie lieber selbst her.

WUNDERBARE OYAS

Oyas werden seit Jahrhunderten eingesetzt: Man hat Stücke entdeckt, die in die Zeit des Römischen Reiches datiert werden. Oyas sind Behälter aus gebranntem Ton, die das darin enthaltene Wasser dank ihrer porösen Struktur sehr langsam abgeben.

Um eine Oya von etwa 2,5 l Volumen herzustellen, benötigt man:
- 1 Terrakotta-Topf von 15 cm Durchmesser
- 1 Terrakotta-Topf von 17 cm Durchmesser
- 1 Weinkorken
- Töpferton

WIE BASTELT MAN EINE OYA?

❶ Verschließen Sie das Loch des 17-cm-Topfs mit dem Korken. Füllen Sie ein wenig Wasser in den Topf, um die Dichtigkeit zu prüfen.

❷ Stellen Sie den 15-cm-Topf auf den 17-cm-Topf.

❸ Verschließen Sie den Schlitz zwischen den beiden Töpfen mit einer ordentlichen Lage Töpferton. Befeuchten Sie die Hände, damit dies leichter gelingt.

❹ Stellen Sie die Oya sofort in die Erde, lassen Sie den oberen Topf ein paar Zentimeter über die Oberfläche herausragen. Wenn Sie mit dem Eingraben zu lange warten, trocknet der Ton und wird rissig.

❺ Befüllen Sie die Oya mit Wasser.

Diese Oya fasst etwa 2,5 l Wasser. Während extremer
Sommerhitze (über 30 °C) haben Sie damit 3 Tage
„gießfrei". Bei Temperaturen um die 25 °C können Sie
sich auf 5–7 Tage einrichten. Eine Oya dieser Größe
bewässert etwa 1 m² Fläche. So sparen Sie sich beim
Gießen etliche Durchgänge. Und der Hydro-Stress wird
vermieden!

WUSSTEN SIE ...?
Vergessen Sie nicht, die
Oyas im Herbst wieder
auszugraben, damit der
Frost sie nicht ruiniert.

KRANKHEITEN UND SCHÄDLINGE

Seit ich einen Garten bewirtschafte, hatten meine Pflanzen etliche Male **gängige Pflanzenkrankheiten.** Oft war das Ökosystem imstande, die Probleme zu lösen, doch manchmal musste ich mit ökologischen und biologischen Mitteln eingreifen. Bevor man jedoch handelt, sollte man feststellen, ob es sich um eine Krankheit bzw. einen Schädling handelt oder einen **Fehler beim Anbau.** Eine Krankheit ist ein Problem, das von Bakterien oder Pilzen ausgelöst wird, Schädlinge sind meist Insekten. Durch Insekten verursachte Probleme lassen sich gewöhnlich durch biologische Mittel und den respektvollen Umgang mit der Umwelt bekämpfen. Hier sind die Schwierigkeiten, die ich am häufigsten erlebt habe.

KRANKHEITEN

⋆ **Echter und Falscher Mehltau** sind zwei sehr ähnliche Krankheiten. Es handelt sich um Pilze, die sich auf den Blättern von Kürbisartigen (Cucurbitaceae; z. B. Zucchini, Kürbis, Gurken usw.), aber auch von Tomaten, Kartoffeln und Wein bilden. Beide erkennt man leicht **an den kleinen weißen Flecken (❶)** auf den Blättern, die sich üblicherweise ab Mitte August/ Anfang September zeigen. Diese Krankheiten kann man nur schlecht vermeiden oder bekämpfen, weil sich die Pilze bei zu feuchtem oder zu trockenem Wetter ausbilden. Vorbeugend kann man eine Sprühtinktur aus 3 Esslöffeln Schwefelpulver pro Liter Wasser ansetzen und die Blätter allwöchentlich einmal von unten und oben damit besprühen.
Nach Ausbruch der Krankheit kann man eine Mischung aus Milch und Wasser im Verhältnis 1 zu 10 spritzen. Die Milch verlangsamt die Ausbreitung des falschen Mehltaus, man kann ganz einfach halbfette (Bio-)Milch aus dem Supermarkt verwenden.

✱ **Fruchtfäule (❷)** kann an Gemüsen und Früchten entstehen, die viel Wasser enthalten, zum Beispiel Tomaten und Zucchini. Sie zeigt sich, wenn die Früchte beschädigt sind oder der Ort zu feucht ist. Um dieses Problem zu vermeiden, sollte man Schadhaftes entfernen und die Blätter darum herum ebenfalls abnehmen, damit die die Pflanze gut durchlüftet wird.

✱ Ich hatte auch schon die **Blattfleckenkrankheit** an meinem Sellerie („Sellerie-Rost"). Die befallenen Stängel und Blätter werden entfernt. Wenn die Krankheit wiederkommt, entsorgen Sie die ganze Pflanze in der Restmülltonne (nicht auf den Kompost geben).

TIPP **ACHTUNG BEIM KOMPOST**
Werfen Sie keine befallenen Pflanzen und keine Tomaten oder Kürbisse auf den Komposthaufen. Sie übertragen oft Krankheiten. Es besteht die Gefahr, dass Sie sich den gesamten Gemüsegarten verseuchen, wenn Sie den Kompost auf die Beete ausbringen. Um die Pflanzenkrankheiten so weit wie möglich zu vermeiden, betreiben Sie Fruchtwechsel (> SEITE 19).

SOMMER

SCHÄDLINGE

* **Blattlaus**invasionen (❶) gehören wohl zu den häufigsten Problemen im Gemüsegarten. Diese kleinen Tiere treten in Kolonien auf und saugen den Saft aus der Pflanze. Man entdeckt dann gelbe Blätter und deformierte junge Triebe. Blattläuse sind die Hauptnahrung für andere Insekten wie die Larven der Marienkäfer oder die Ohrenkneifer. Um die Invasionen der Blattläuse unter Kontrolle zu halten, stellt man Insektenhotels oder auch strohgefüllte Tontöpfe auf (> Seite 55). Man kann sie auch bekämpfen, indem man eine Mischung von 4 Esslöffeln Schmierseife pro Liter Wasser auf die betroffenen Partien sprüht.

> **WUSSTEN SIE ...?** Blattläuse sondern eine klebrige, süße Substanz ab, worauf Ameisen völlig wild sind. Im Gegenzug schützen die Ameisen die Blattlauskolonien vor natürlichen Feinden wie Marienkäfern, Ohrenkneifern, den Larven von Schwebfliegen und Florfliegen.

* Im Gemüsegarten haben Sie bestimmt schon einmal **weiße Schmetterlinge** gesehen (❷): die **Kohlweißlinge**. Diese Schmetterlinge heften ihre **Eier (❸)** gewöhnlich an die Blattunterseite von Kapuzinerkresse und Kohlpflanzen. Als

Schmetterlinge sind sie ungefährlich, aber ihre **Raupen (❹)** können sich auf manche Kulturen zerstörerisch auswirken. Ich versuche sie nicht umzubringen, sondern auf die Kapuzinerkresse umzusetzen, weil diese eine Invasion besser vertragen.

✶ Ihre Kohlpflanzen sind verwelkt? Das war bestimmt die **Kohlfliege**, die ihre Eier am Strunk der Pflanzen abgelegt hat. Ihre Larven fressen dann die Triebe und die Wurzeln ab, die Pflanzen haben absolut keine Chance zu überleben. Einziges Mittel dagegen ist, dass Sie vorsorglich Pflanzenkrägen um die Basis des Kohls legen, damit die Fliege erst gar keine Eier dort ablegen kann.

✶ Manchmal sieht man kleine weiße oder braune Gänge in den Blättern von Kohl, Kapuzinerkresse oder Borretsch. Das sind **Minierfliegen (❺)**. Entfernen Sie die befallenen Blätter.

✶ **Weiße Fliegen (❻)**, auch **Mottenschildläuse** genannt, saugen den Saft aus Pflanzen wie Tomaten, Gurken oder Auberginen. Sie halten sich gewöhnlich an Orten auf, die schlecht durchlüftet sind wie Gewächshäusern. Bringen Sie gelbe biologische Klebefallen aus, um sie anzulocken und nicht wieder entkommen zu lassen.

SOMMER

Die gelbe Farbe ist nicht zufällig gewählt, sondern sie ist der Lockstoff. Die weißen Fliegen stürzen sich darauf.

★ Ich kämpfe seit Jahren gegen **Zwergzikaden (❼)**. Das sind kleine, bunte Insekten in Orange und Grün. Sie saugen den Saft aus den Blättern und hinterlassen Spuren, die wie kleine helle Punkte (❽) aussehen. Um sie zu bekämpfen, verteile ich gelbe Blätter mit einem biologischen Klebstoff zwischen den betroffenen Pflanzen. Das Gelb lockt die Schadinsekten an und der Kleber hält sie fest. Das Nest der Kleinzikade ist aus schaumigem Speichel (❾) gebildet, um die Larven vor möglichen Fressfeinden zu schützen.

★ **Rosmarinkäfer** (*Chrysolina americana*) aus der Familie der Blattkäfer befällt Rosmarin und Lavendel und kann Ihre Pflanzen innerhalb weniger Tage töten. Kontrollieren Sie Ihre Pflanzen regelmäßig und sammeln Sie die Insekten ab, wenn Sie sie sehen.

SELBST SCHULD?

★ Diese **braunen Flecken (❶)** auf den Blättern sind ein Zeichen von Verbrennungen. Sie bilden sich aufgrund einer Kombination von nicht abgetrockneten Wassertropfen und Sonneneinstrahlung. Man sollte nicht während des Tages gießen oder die Blätter benetzen. Bewässern Sie den Wurzelbereich der Pflanzen oder verwenden Sie Oyas (> Seite 70).

★ **Ihre Gemüse haben eine seltsame Form (❷) oder Farbe?** Dann wurden Sie möglicherweise schlecht bestäubt. Das hat nur Auswirkungen auf die Form, nicht den Geschmack. Das Phänomen zeigt sich, wenn eine weibliche Blüte mit Pollen von einer anderen Sorte befruchtet wurde.

★ Wassermangel lässt das Laub gelb werden und die Früchte der Pflanzen eingehen. Beispiele sind die Blütenendfäule bei Tomaten (❸), und das Eingehen junger Kürbisse (❹), Zucchini oder Gurken. In diesen Fällen heißt es Gießen.

Wasserüberschuss kann auch Probleme verursachen. Pflanzen wie Rosmarin, Thymian und Basilikum werden gelb, Tomaten platzen und die Wurzeln anderer Pflanzen laufen Gefahr zu faulen.

SOMMER

KAPUZINERKRESSE – EINE FABELHAFTE BLUME

Diese Pflanze verdient etwas mehr Aufmerksamkeit. Sie bietet **so viele Vorteile**, dass ich sie in meinem Gemüsegarten für unverzichtbar halte. Kapuzinerkresse hat viele Qualitäten: für die Gesundheit, geschmacklich, für das Ökosystem und botanisch gesehen. Ihre wichtigste Funktion im Gemüsegarten ist das Anlocken von Blattläusen. Wenn Kapuzinerkresse in der Nähe wächst, ziehen die Blattläuse diese Pflanze allen anderen vor und lassen die Nachbarn heil. Auch wenn mehrere Wogen von Blattläusen und Raupen über sie hinwegschwappen, zeigt Kapuzinerkresse große Widerstandskraft und überlebt! Sie passt sich an alle Arten von Böden und Standorte an.

Man unterscheidet zwei Arten: *Tropaeolum majus*, die Große Kapuzinerkresse, die bis zu 8 m hoch klettern kann, und *Tropaeolum minus*, die Kleine Kapuzinerkresse. Suchen Sie sich einfach aus, was besser zu Ihrem Garten passt.

Mit ihrer Eleganz, den zahllosen leuchtend orangefarbenen Blüten und dem raschen Wuchs, überzieht sie jede vernachlässigte und unattraktive Gartenecke in Rekordgeschwindigkeit. Und damit verhindert sie natürlich, dass Unkräuter sich dort ansiedeln. Sie müssen die Pflanze nur ein einziges Mal setzen, weil sie sich von einem auf das nächste Jahr von selbst aussät! Die Blüte beginnt Anfang Juni und verschönert Ihren Gemüsegarten bis zum ersten Frost. Man findet **verschiedene Farben** von Dunkelrot und Orange über Gelb bis hin zu Creme.

Kapuzinerkresse wird auch in der **Küche** verwendet. Die gesamte Pflanze ist **essbar**, Blüten, Blätter und unreife Samen! Ihr Geschmack ist sehr intensiv, daher mischt man die Blätter unter Salat, um ihm einen besonderen Geschmack zu geben, und garniert ihn mit den Blüten. Die grünen Samen kann man wie Kapern einlegen (REZEPT > SEITE 124). Die Pflanze besitzt auch **antibakterielle und entzündungshemmende Wirkung**, man sollte aber nicht zu viel davon essen!

IM HERBST

Le Potager d'Arthur

DIE NÄCHSTE GENERATION

Zusammen mit dem letzten Gemüse **ernte ich auch die Samen**, die ich für das nächste Jahr brauche. Jedes Jahr passen sich die Pflanzen ein wenig besser an die örtlichen klimatischen Verhältnisse, den Boden Ihres Gemüsegartens, die Sonneneinstrahlung und weitere verschiedene Faktoren an. Je öfter Sie eigenes Saatgut gewinnen, desto besser ist es an Ihren Garten angepasst. Dazu müssen Sie **die schönsten Pflanzen zur Samenreife** gelangen lassen, das heißt die kräftigsten Pflanzen, weil sich daran die besten Samen entwickeln. Wenn Sie Samen von kümmerlichen und kränkelnden Pflanzen nehmen, dann hat das Saatgut nur eine mittelmäßige Qualität.

Samen zu erkennen und sie auf richtige Weise und vor allem zur rechten Zeit zu gewinnen, ist eine Kunst.

Hier **meine Tipps:**
Lassen Sie bei **Kohl, Blattgemüse** und **Wurzelgemüse** eine Pflanze zur Samenreife kommen. Das heißt, Sie lassen die Pflanze einen ganzen Lebenszyklus durchlaufen. Hindern Sie sie nicht am Blühen. Wenn die Blüten verwelken, binden Sie ein Beutelchen um die Blüten. Nun entstehen die Samen und das Säckchen erleichtert später deren Ernte.

Bohnensamen

Kürbissamen   Tomatensamen

Bei **Fruchtgemüse** wie Tomaten, Chili, Gurken oder Kürbis warten Sie bis die Früchte vollreif werden. Sobald die Früchte richtig reif sind, lassen Sie sie noch einige Tage an der Pflanze hängen, damit sich die Samen vollständig entwickeln können. Schneiden Sie dann die Frucht ab und ernten Sie die Samen. Man spült die Samen mit Wasser ab und lässt sie danach einige Tage auf saugfähigem Papier trocknen.

TIPP GUTE UND SCHLECHTE SAMEN SORTIEREN

Legen Sie die Samen in ein gefülltes Wasserglas und lassen Sie sie 1 Tag lang darin. Danach entfernen Sie alle Samen und Schalen, die an der Oberfläche schwimmen. Das sind die schlechten Samen, die nicht keimen werden. Die Samen, die am Boden des Glases liegen, haben eine gute Qualität.

Lassen Sie die Bohnen-, Linsen- und Erbsenhülsen an der Pflanze hängen, bis sie braun werden. Öffnen Sie dann die Hülsen und ernten Sie die Kerne.

Zur **Aufbewahrung** füllt man die Samen in Papiertütchen. Dadurch reguliert sich der Gehalt an Feuchtigkeit von selbst und mögliche Schimmelbildung wird vermieden. Schimmel ist der Erzfeind der Samen. Wenn Sie Saatgut in Plastikbeutel füllen, wird es am Ende verderben. Bewahren Sie die Papiertüten danach an einem kühlen Platz bei etwa 18 °C auf.

DIE LETZTEN KULTUREN

Im Herbst sät man die letzten Gemüse des Jahres aus: Spinat, Feldsalat, Winterrettich, Wintersorten von Mairüben usw. Auch steckt man einige Reihen Knoblauchzehen, um bis zum Frühling davon zu zehren. Der im Herbst gepflanzte Knoblauch bringt sogar eine besser entwickelte Zwiebel hervor als der im Frühjahr gesteckte. Im Herbst erntet man die zahlreichen Kürbisarten und -Sorten von den guten Speisekürbissen (wie z. B. Hokkaido) bis hin zu den nicht essbaren Zierkürbissen. Sie werden merken, dass Kürbis sehr ertragreich ist und den ganzen Winter hindurch Suppe essen! Auch sind die Kürbisse dekorativ und sie halten sich lange.

GROßREINEMACHEN

Bevor der Winter endgültig Einzug hält, säubere ich die Beete. Eine Ausnahme machen nur die Wildblumen. Sie tragen ganz viele Samen und dienen den Vögeln im Winter als Futter.

Ich entferne verwelkte Pflanzen und werfe die meisten auf den Komposthaufen, nur nicht die erkrankten Pflanzen, die ein Ansteckungsrisiko für den gesamten Garten bedeuten, darunter auch die Tomaten- und die Kürbispflanzen, weil sie oft Mehltau haben. Entsorgen Sie sie in der Restmülltonne.

WUSSTEN SIE ...? Vergessen Sie nicht, die Oyas im Herbst aus der Erde zu holen, damit sie bei Frost nicht zerspringen. Am besten werden sie über Winter drinnen gelagert.

BODEN VERSORGEN

Im November verteile ich **Kompost** auf den Kulturbeeten, damit die Erde, die für das nächste Anbaujahr nötigen Nährstoffe aufnehmen kann. Ich mische sie mithilfe einer Gartenkralle oder einer Harke unter. Alle 2 Jahre grabe ich auch mit dem Spaten um. Zu häufiges Umgraben kann aber die Humusschicht und das Bodenleben zerstören, was zu Nährstoffverlust führt.

TIPP Um den Vögeln während des Winters bei der Nahrungssuche zu helfen, sollten Sie die verblühten Sonnenblumen stehen lassen und kleine Holzstäbe in die Köpfe stecken, so dass die Vögel sich bequem niederlassen können.

HERBST

IM WINTER

RUHE VOR DEM NEUSTART

Entgegen der landläufigen Vorstellung ist der Winter für den Gemüsegarten eine wichtige Jahreszeit. Nun kann man den Anbauplan des Gemüsegartens überdenken und mögliche Verbesserungen vornehmen, die Gartengeräte überprüfen und säubern… Es ist also die **Zeit des Nachdenkens und Organisierens**!

Im Winter ruht der Gemüsegarten unter einem großen, weißen Mantel aus Schnee oder Reif. Man erntet Kohl, Wintersorten der Mairüben oder noch den letzten Spinat. Es wäre sogar möglich, einen winterlichen Garten zu kultivieren, aber ich persönlich lasse den Boden lieber ruhen.

WUSSTEN SIE …? Kohlgemüse sind geschmacklich nach den ersten Frösten besser, da die Stärke der Pflanzen in Zucker umwandelt wurde!

Während der Wintertage verbringe ich meine Zeit damit, den neuen **Gartenplan** zu entwerfen. Ich informiere mich aus **Büchern** und in **Internetforen** und erstelle eine **Saatgutliste** für die kommende Anbausaison. Auch sortiere ich das selbst gewonnene Saatgut und kaufe nötigenfalls neues.

DIE SCHÄTZE DES GEMÜSE- GARTENS

AUSSAATKALENDER

Da ich nur 15 m² Fläche zur Verfügung habe, kann ich es mir nicht erlauben, große Mengen ein und derselben Gemüsesorte anzubauen. Ich muss eine Auswahl treffen. Auf der kleinen Fläche versuche ich, eine **Vielfalt** von Gemüsen, Kräutern und Blumen zu kultivieren.

Es gibt **vier Zeiträume zum Säen,** die an die Bedürfnisse der einzelnen Arten angepasst sind.

★ Im **Februar** und **Anfang März** werden die Arten ausgesät, die viel Wärme benötigen und sehr langsam wachsen. Zu diesem Zeitpunkt säe ich drinnen, weil diese Pflanzen zum Keimen eine Temperatur von 20–25 °C benötigen. Es sind mediterrane Gemüse wie Auberginen, Chili, Gemüsepaprika und Tomaten.

★ Erst ein, zwei Monate später, im **April**, säe ich die anderen Pflanzen drinnen in Anzuchttöpfen aus. Die Temperaturen variieren zwischen 18 und 23 °C. Nun säe ich verschiedene Typen von Pflanzen:
- **Gemüse:** Einmachgurken, Kohl, Kürbisse, Schlangengurken, Zucchini. In Anzuchtblöcke (ERDPRESSLINGE, SEITE 34) säe ich Fenchel, Kopfsalat, Mangold, Rote Bete und Sellerie, denn das Auspflanzen draußen auf Abstand wird dadurch erleichtert.
- **Kräuter:** Verschiedene Arten von Basilikum. Die anderen Kräuter säe ich gewöhnlich direkt ins Freiland, damit die Pflanzen schön kräftig werden, oder ich kaufe die Jungpflanzen, weil die Anzucht zu kompliziert ist (Rosmarin und Thymian).
- **Blumen:** Kapuzinerkresse, Kosmeen, Ringelblumen, Scheinsonnenhut und Sonnenblumen. Gewöhnlich säe ich diese Arten einige Wochen später auch noch direkt ins Freiland, aber die drinnen vorgetriebenen Pflanzen haben einen Vorsprung vor den anderen und blühen daher früher.

★ **Nach den Eisheiligen** (etwa **Mitte Mai**) kann man alles direkt ins Freiland säen. Ich säe zu diesem Zeitpunkt:

- **Gemüse:** Bohnen, Erbsen, Mangold, Möhren, Radieschen, Rote Bete, Schnittsalat, Zuckermais sowie Zwiebeln und Schalotten (Steckzwiebelchen).
- **Kräuter:** Basilikum, Bohnenkraut, Dill, Kamille, Koriander, Melisse, Petersilie und Ysop.
- **Blumen:** Kapuzinerkresse, Klatschmohn, Kosmeen, Mohn, Ringelblumen, Sonnenblumen, Zinnien und Wildblumen …

Ich kaufe auch Jungpflanzen von Bohnenkraut, Currykraut, Estragon, Melisse, Minze, Oregano, Petersilie, Rosmarin, Salbei, Schnittlauch, Thymian, Verbene, Ysop und Zitronengras. Dabei handelt es sich bei fast allen Arten um Mehrjährige (Stauden), das heißt man muss sie in den Folgejahren nicht nochmals kaufen. Alle 3 Wochen säe ich Kopfsalat in Erdpresslinge, damit wir ihn den ganzen Sommer über verzehren können.

★ Gegen **Ende August** und, sofern das Wetter mitspielt, manchmal sogar noch im **September** bereite ich die letzte Aussaat im Freiland vor: Erbsen, Feldsalat, Knoblauchzehen (Winterknoblauch), Wintersorten der Mairübe, Spinat und Winterrettich.

PFLANZEN-STECKBRIEFE

An meine erste Ernte habe ich tolle Erinnerungen!
Ich war stolz ohne Ende ...
Wenn man eigene Nahrungsmittel selbst anbaut,
dann ist man sehr zufrieden und findet zudem noch
einen unvergleichlichen Geschmack auf dem Teller.
Auf den nächsten Seiten habe ich für Sie die Steckbriefe
zum Anbau meiner wichtigsten Gemüse
zusammengestellt.

AUBERGINE

Auberginenpflanzen sind in der Mittelmeerregion beheimatet und wachsen langsam. Säen Sie die Auberginen im Februar im Haus. Man findet Sorten in unterschiedlichen Formen und Farben. Auberginen werden geerntet, wenn sie etwas weich sind.

KATEGORIE: Fruchtgemüse

SORTEN: Casper, Blue King, Lao Lavender

PFLANZABSTAND: 40 × 40 cm

KEIMUNG: 10–15 Tage

PFLANZENGRÖSSE: ↕ 30–50 cm / ↔ 30 cm

Mehrjährig, aber einjährig kultiviert

BESONDERHEITEN: Kann im Gewächshaus oder im Kübel angebaut werden. Geben Sie alle 3 Wochen Dünger oder Kompost zu. Diese Pflanze verträgt keinen Frost.

	JAN.	FEB.	MÄR.	APR.	MAI	JUN.	JUL.	AUG.	SEPT.	OKT.	NOV.	DEZ.
SÄEN		▓	▓									
PFLANZEN					▓							
ERNTE							▓	▓	▓	▓		

BOHNEN

Bohnenpflanzen müssen Platz nach oben haben und wachsen leicht an einem Bambusgestell empor. Säen Sie ein Dutzend Kerne an jedem Rankgestell, um einen optimalen Ertrag zu haben. In meinem Gemüsegarten nehme ich die Sorte Borlotti wegen der prächtigen roten Blüten.

KATEGORIE: Hülsenfrüchte

SORTEN: Orinoco Wax, Borlotti, Streamline, D'Espagne

PFLANZABSTAND: 20–30 cm (am Rankgestell), säen Sie ausreichend viele Pflanzen für den gewünschten Ertrag

KEIMUNG: 5–10 Tage

PFLANZENGRÖSSE: ↕ +200 cm / ↔ 10 cm
Einjährig

BESONDERHEITEN: Ernten Sie, sobald die Bohnen reif sind, damit die Pflanze weiterhin blüht und fruchtet. Nicht zu viel düngen.

	JAN.	FEB.	MÄR.	APR.	MAI	JUN.	JUL.	AUG.	SEPT.	OKT.	NOV.	DEZ.
SÄEN				■	■	■	■					
PFLANZEN					■	■	■					
ERNTE							■	■	■	■		

CHILI ODER GEWÜRZPAPRIKA

Wunderbare Fruchtgemüse! Säen Sie die Pflanzen im Februar und setzen Sie sie nach dem letzten Frost ins Freiland. Ernten Sie die Früchte, sobald sie reif sind, das heißt, wenn sie sich verfärben. Das gilt natürlich nicht für Jalapenos und grünen Paprika.

KATEGORIE: Fruchtgemüse

SORTEN: Espelette, Jalapeno, Nepali Orange, Peruvian Purple, Blue Christmas, Cayenne, Biquinho.

PFLANZABSTAND: 25 × 25 cm

KEIMUNG: 2–3 Wochen

PFLANZENGRÖSSE: ↕ 20–60 cm / ↔ 20–40 cm

Mehrjährig, wenn man sie drinnen überwintert.

BESONDERHEITEN: Diese langsam wachsenden Pflanzen brauchen viel Wärme. Man sollte sie für besseren Wuchs und reichere Ernte in Terrakotta-Töpfe setzen. Wenn Sie sehr scharfe Sorten anbauen, tragen Sie bei der Ernte Handschuhe! Waschen Sie nach jeder Berührung die Hände.

	JAN.	FEB.	MÄR.	APR.	MAI	JUN.	JUL.	AUG.	SEPT.	OKT.	NOV.	DEZ.
SÄEN		▓	▓									
PFLANZEN					▓							
ERNTE								▓	▓	▓		

EINMACHGURKE

Einmachgurken oder Cornichons sind die kleine Variante der Schlangengurke (SEITE 113). Die Aussaat erfolgt ab April, geerntet wird dann ab Juli. Konserviert im Glas (REZEPT SEITE 128) kann man sie das ganze Jahr hindurch verzehren.

KATEGORIE: Fruchtgemüse

SORTEN: Vorgebirgstraube

PFLANZABSTAND: 20 cm (bei Verwendung einer Rankhilfe)

KEIMUNG: 5–7 Tage

PFLANZENGRÖSSE: Kann mehr als ↕ 2 m Höhe erreichen. / ↔ 25 cm Einjährig

BESONDERHEITEN: Diese kleine Version der Schlangengurke hat dieselben Ansprüche wie ihre große Schwester. Der Ertrag einer Pflanze liegt bei bis zu 30 Früchten. Achten Sie beim Ernten auf die stachelige Haut.

	JAN.	FEB.	MÄR.	APR.	MAI	JUN.	JUL.	AUG.	SEPT.	OKT.	NOV.	DEZ.
SÄEN				■	■							
PFLANZEN					■							
ERNTE							■	■	■			

ERBSEN

Erbsenpflanzen sind aufgrund ihrer feinen Verzweigungen ausgesprochene Schönheiten. Man sät sie im Frühling und Herbst in gelockerte Erde. Wer knackige Erbsen möchte, erntet sie jung. Solange die Schoten noch klein sind, kann man sie roh essen. Kosten Sie mal diese knackigen Leckerbissen!

FAMILIE: Hülsenfrüchte

SORTEN: Désirée

PFLANZABSTAND: 2 cm (an Rankhilfe)

KEIMUNG: 1 Woche

PFLANZENGRÖSSE: ↕ 50–200 cm / ↔ 20 cm

Einjährig

BESONDERHEITEN: Nicht zu stark düngen, damit die Pflanze ihre Energie in die Bildung der Früchte und nicht in die Blattentwicklung steckt.

	JAN.	FEB.	MÄR.	APR.	MAI	JUN.	JUL.	AUG.	SEPT.	OKT.	NOV.	DEZ.
SÄEN		▓	▓	▓					▓	▓	▓	
PFLANZEN			▓	▓								
ERNTE			▓	▓	▓	▓	▓	▓				

ERDBEERE

Gartenerdbeeren haben einen unübertroffenen Geschmack! Aber Achtung, die Pflanzen erobern den Gemüsegarten in Rekordzeit. Schauen Sie regelmäßig nach den Pflanzen und entfernen Sie die Ausläufer. Wenn Sie die Pflanzen in die Höhe wachsen lassen, brauchen sie kaum Platz. Besonderer Dünger ist nicht notwendig.

KATEGORIE: Mehrjährige

PFLANZABSTAND: 20 × 15 cm

PFLANZENGRÖSSE: ↕ 15 cm / ↔ 20 cm
Staude

BESONDERHEITEN: Muss nicht gesät werden. Es genügt, wenn man die Ausläufer in die Erde setzt, um neue Pflanzen zu erhalten. Erdbeeren sind reich an Wasser und passen gut zu Kräutern wie Basilikum, Thymian oder Minze.

	JAN.	FEB.	MÄR.	APR.	MAI	JUN.	JUL.	AUG.	SEPT.	OKT.	NOV.	DEZ.
PFLANZEN			███	███								
ERNTE						███	███					

FENCHEL

Der Fenchel verleiht dem Gemüsegarten dank seiner feinen, eleganten Blätter Leichtigkeit. Durch das Anis-Aroma ist er in Salaten delikat! Ernten Sie den Fenchel, sobald sich eine schöne Knolle gebildet hat. Bei extremer Hitze oder wenn Sie während der Knollenbildung nicht regelmäßig genug gegossen haben, bildet der Fenchel keine Verdickung, sondern blüht direkt. In diesem Fall reißen Sie ihn nicht aus, sondern lassen Sie ihn als Nahrung für Bestäuber blühen.

KATEGORIE: Wurzelgemüse

SORTE: Finale

PFLANZABSTAND: 30 × 20 cm

KEIMUNG: 1–2 Wochen

PFLANZENGRÖSSE: $\updownarrow$ 60 cm / $\leftrightarrow$ 30 cm

Zweijährig

BESONDERHEITEN: Fenchel reagiert äußerst empfindlich auf Wassermangel. Wenn er nicht genug Wasser hat, schießt er direkt in die Blüte, ohne eine Knolle zu bilden. Dieses Problem löst man, indem man den Boden immer feucht hält. Es gibt auch mehrjährige Fenchelsorten, die per se keine Knolle bilden.

	JAN.	FEB.	MÄR.	APR.	MAI	JUN.	JUL.	AUG.	SEPT.	OKT.	NOV.	DEZ.
SÄEN				■	■							
PFLANZEN					■							
ERNTE							■	■	■			

FRÜHLINGSZWIEBEL

Frühlings- oder Lauchzwiebeln lassen sich in leichten Böden einfach kultivieren. Da ich einen sehr lehmigen, schweren Boden habe, baue ich die Frühlingszwiebeln in Pflanztaschen an, in die ich mit Sand gemischte Erde fülle. Zwiebeln lieben einen Standort in der Nähe von Erbsen oder Tomaten.

KATEGORIE: Wurzelgemüse

PFLANZABSTAND: 5 x 5 cm

KEIMUNG: 1–2 Wochen

PFLANZENGRÖSSE: $\updownarrow$ 30–40 cm / $\leftrightarrow$ 10 cm

Mehrjährig, aber einjährig kultiviert

BESONDERHEITEN: Frühlingszwiebeln gedeihen am besten an einem warmen, sonnigen Standort. Ernten Sie, wenn der Stängel gut 1 cm im Durchmesser erreicht hat.

	JAN.	FEB.	MÄR.	APR.	MAI	JUN.	JUL.	AUG.	SEPT.	OKT.	NOV.	DEZ.
SÄEN			▓	▓	▓							
PFLANZEN					▓	▓	▓	▓	▓	▓		

Es gibt zwei Sorten von Knoblauch, den Sommer- und den Winterknoblauch. Die Zehen, die man im Herbst auslegt und im Sommern erntet, nennt man Winterknoblauch. Durch die länger Anbauzeit werden die Knollen etwas größer. Der Sommerknoblauch hat nur den Sommer über Zeit zu wachsen und bleibt daher kleiner. Knoblauch wird geerntet, wenn das Laub braun wird. Reservieren Sie dem Knoblauch ein Eckchen und tragen Sie ihn in den Gartenplan des nächsten Jahres ein, weil er den gesamten Sommer hindurch wächst!

KATEGORIE: Wurzelgemüse

PFLANZABSTAND: 15 × 25 cm

PFLANZTIEFE: 3 cm bei Pflanzung im Frühling, 10 cm im Herbst (als Schutz vor Frost)

Pflanzengröße: $\updownarrow$ 30–40 cm / $\leftrightarrow$ 15 cm

BESONDERHEITEN: Achten Sie darauf, dass der Knoblauch nicht von Unkraut überwuchert wird.

	JAN.	FEB.	MÄR.	APR.	MAI	JUN.	JUL.	AUG.	SEPT.	OKT.	NOV.	DEZ.
PFLANZEN			■						■	■		
ERNTE					■	■	■	■				

KOHL

Die Familie der Kohlgemüse ist riesig. Es gibt Dutzende unterschiedlicher Arten und Sorten. Unglücklicherweise haben die Pflanzen im Beet einen großen Platzbedarf. Daher sollte man die Auswahl mit Sorgfalt treffen. Die gesamte Familie wird aber auch Opfer derselben Krankheiten und von Schädlingen wie Kohlfliege oder Raupen befallen. Man muss sie daher jedes Jahr an eine andere Stelle pflanzen! Kohl wird vom Sommer bis in den Winter geerntet.

KATEGORIE: Kohlarten

ARTEN UND SORTEN: Rotkohl, Weißkohl, Grünkohl, China-Kohl, Romanesco, Wirsing, Rosenkohl, Pak Choi, Brokkoli, Spitzkohl.

PFLANZABSTAND: 60 × 40 cm

Pflanzengröße: ↕ 30 cm / ↔ 50–60 cm

Zweijährig

BESONDERHEITEN: Nach dem Auspflanzen ins Freiland sollte man um die Pflänzchen Schutzkrägen legen, damit die Kohlfliege ihre Eier nicht ablegen kann. Kohl verträgt die Kälte relativ gut und entwickelt nach den ersten Frösten einen besseren Geschmack. Geben Sie den Pflanzen reichlich Kompost, um das Wachstum anzuregen. Vorsicht: Tauben picken gerne jungen Kohl! Breiten Sie feinmaschige Netze zum Schutz darüber.

	JAN.	FEB.	MÄR.	APR.	MAI	JUN.	JUL.	AUG.	SEPT.	OKT.	NOV.	DEZ.
SÄEN		███	███	███	███	███	███					
PFLANZEN				███	███	███						
ERNTE							███	███	███	███	███	███

Salate sind rasch wachsende Gemüse, doch aufgrund ihrer zarten Blätter gehören sie zur Lieblingsbeute der Schnecken. Pflanzen Sie Kopfsalate daher in Töpfen und ernten Sie sie, wenn die Blätter dicht werden. Wenn Sie die Salatpflanze zur Blüte kommen lassen, wird der Salat eventuell bitter.

KATEGORIE: Blattgemüse

SORTEN: Edox, Sylvesta, Eisbergsalat, Lollo Rossa.

AUSSAAT: Eine Pflanze pro Topf, im Beet im Abstand von 30 × 25 cm

KEIMUNG: 1–2 Wochen

PFLANZENGRÖSSE: $\updownarrow$ 20 cm / $\leftrightarrow$ 20–30 cm

Einjährig

BESONDERHEITEN: Regelmäßig gießen, damit sich schöne Blätter entwickeln. Bei Wassermangel bildet der Salat Blüten und Samen aus und entwickelt einen bitteren Geschmack.

	JAN.	FEB.	MÄR.	APR.	MAI	JUN.	JUL.	AUG.	SEPT.	OKT.	NOV.	DEZ.
SÄEN			■	■	■	■	■	■				
PFLANZEN				■	■	■	■	■				
ERNTE					■	■	■	■	■			

Kürbis gehört zu meinen Lieblingskulturen. Es gibt alle möglichen Formen und Größen: Sie sehen sehr unterschiedlich aus und verleihen dem Garten im Herbst Farbe. Achten Sie darauf, die Kürbispflanzen ausreichend zu gießen, damit das Größenwachstum der Früchte nicht unterbrochen wird. Man erntet Kürbisse, sobald die Stiele der Frucht braun geworden sind.

KATEGORIE: Fruchtgemüse

SORTEN: Red Kuri, Butternut, Cucuzzi, Birdhouse Bottle, Crookneck, Jack O'Lantern, Baby Bear

PFLANZABSTAND: 50 cm (bei Verwendung einer Rankhilfe)

KEIMUNG: 4–8 Tage

PFLANZENGRÖSSE: $\updownarrow$ +200 cm / $\leftrightarrow$ 50–70 cm
Einjährig

BESONDERHEITEN: Diese fruchtende Pflanze braucht eine immense Menge an Dünger oder Kompost. Kürbisse werden im Herbst geerntet und lassen sich mehrere Monate lang lagern, manche sogar bis zu 1 Jahr, wenn sie keine schadhaften Stellen aufweisen.

	JAN.	FEB.	MÄR.	APR.	MAI	JUN.	JUL.	AUG.	SEPT.	OKT.	NOV.	DEZ.
SÄEN				■	■							
PFLANZEN				■	■	■						
ERNTE									■	■		

MAIS

Der Mais, den man auf den Äckern sieht, ist eine andere Züchtung als die Sorten in unseren Gemüsegärten. Auf meiner kleinen Scholle kultiviere ich Zuckermais. Bepflanzen Sie mindestens 1 m² mit Zuckermais, um eine optimale Bestäubung und eine sichere Ernte zu gewährleisten.

KATEGORIE: Fruchtgemüse

PFLANZABSTAND: 15 x 15 cm

KEIMUNG: 5–10 Tage

PFLANZENGRÖSSE: $\updownarrow$ +200 cm / $\leftrightarrow$ 20 cm

Einjährig

BESONDERHEITEN: Um festzustellen, ob der Mais erntereif ist, stechen Sie ein Maiskorn an, wenn eine milchige Flüssigkeit austritt, ist der Kolben reif.

	JAN.	FEB.	MÄR.	APR.	MAI	JUN.	JUL.	AUG.	SEPT.	OKT.	NOV.	DEZ.
SÄEN				■	■							
PFLANZEN								■	■			

MANGOLD

Der leicht kultivierbare Mangold ist mit der Roten Bete verwandt und sieht aus wie sie, aber ohne die Rübe. Sein Aroma ist wie die Rote Bete etwas erdig. Bei der Ernte schneidet man die äußeren Blattstiele ab, ohne das Herz zu beschädigen. So wächst die Pflanze immer weiter und man kann den ganzen Sommer hindurch ernten.

KATEGORIE: Blattgemüse

SORTEN: Bright Lights

PFLANZABSTAND: 20 × 30 cm

KEIMUNG: 5–15 Tage

PFLANZENGRÖSSE: ↕ 30–40 cm / ↔ 20–30 cm

Zweijährig

BESONDERHEITEN: Lockern Sie regelmäßig die Erde um die Pflanzen, um das Wachstum anzuregen. Ich wähle gerne mehrfarbige Mangoldsorten, weil sie den Gemüsegarten farbenfroh machen.

	JAN.	FEB.	MÄR.	APR.	MAI	JUN.	JUL.	AUG.	SEPT.	OKT.	NOV.	DEZ.
SÄEN				■	■	■	■	■				
PFLANZEN				■	■	■	■	■	■			
ERNTE	■	■	■	■	■	■	■	■	■	■	■	■

MÖHREN

Möhren lieben sandige Böden, was für meinen Gemüsegarten gar nicht zutrifft, da ich einen lehmigen Boden habe. Aus diesem Grund ist es mir noch nie gelungen, schöne Möhren zu kultivieren. Alphonse hingegen, der seinen Boden jahrzehntelang verbessert hatte, erntete wunderbare Möhren. Ziehen Sie eine Möhre aus dem Boden, um zu sehen, ob Ihre Kultur ausgewachsen ist. Möhren müssen nicht reif werden, sie sind ab der Bildung der Wurzel essbar. Sie sollten nur groß genug sein.

KATEGORIE: Wurzelgemüse

SORTEN: Pariser Markt, Chantenay

PFLANZABSTAND: 25 × 30 cm

KEIMUNG: 1–2 Wochen

PFLANZENGRÖSSE: ↕ 20–40 cm / ↔ 20–30 cm

Zweijährig

BESONDERHEITEN: Möhren werden von der Möhren-Fliege heimgesucht. Aus diesem Grund sollte man Knoblauch oder Zwiebeln in die unmittelbare Nähe pflanzen, sie halten die Fliege fern. Möhren sind nicht besonders frostverträglich.

	JAN.	FEB.	MÄR.	APR.	MAI	JUN.	JUL.	AUG.	SEPT.	OKT.	NOV.	DEZ.
SÄEN				■	■	■	■					
PFLANZEN					■	■	■	■	■	■		

RADIESCHEN

Ihre kleinen Wurzeln entwickeln sich wie Möhren in gelockerter Erde am besten. Radieschen werden gesät und brauchen nur ein wenig Pflege. Wenn sie ausgewachsen sind, kann man sie täglich ernten. Die Ernte erfolgt, sobald man das Radieschen ein Stückchen aus dem Boden herauslugen sieht.

KATEGORIE: Wurzelgemüse

SORTEN: Rudi, Annabel

PFLANZABSTAND: 3 × 4 cm

KEIMUNG: 5–10 Tage

PFLANZENGRÖSSE: ↕ 15 cm / ↔ 15 cm

Einjährig

BESONDERHEITEN: Die Sämlinge nach dem Auflaufen vereinzeln, damit sich die Verdickung der Wurzel bilden kann.

	JAN.	FEB.	MÄR.	APR.	MAI	JUN.	JUL.	AUG.	SEPT.	OKT.	NOV.	DEZ.
SÄEN		▓	▓	▓	▓	▓	▓	▓				
PFLANZEN				▓	▓	▓	▓	▓	▓	▓		

ROTE BETE

Der Anbau der Roten Bete ist extrem einfach. Man kann sie direkt ins Freiland säen, ich bevorzuge aber die Aussaat in Erdpresslinge. Das erleichtert die Pflanzung auf Abstand. Wenn die Rüben wachsen, kommen sie ein wenig aus der Erde. Ernten Sie sie, wenn sie eine akzeptable Größe erreicht haben.

KATEGORIE: Wurzelgemüse

SORTEN: normale Gartensorten (rot), Tonda di Chioggia (rot-weiß)

PFLANZABSTAND: 10×15 cm

KEIMUNG: 5–15 Tage

PFLANZENGRÖSSE: $\updownarrow$ 20–30 cm / $\leftrightarrow$ 15 cm

Zweijährig, aber einjährig kultiviert

BESONDERHEITEN: Diese Pflanzen haben einen leicht erdigen Geschmack, sind aber ausgesprochen gut für die Gesundheit. Sie brauchen kaum Dünger. Man muss darauf achten, dass die Pflanzen nicht durch Unkraut erobert werden. Das Unkraut von Hand auszupfen, damit man die Wurzel nicht beschädigt. Vor dem Verzehr kocht man Rote Bete etwa 30–40 Minuten, sodass sie gar werden.

	JAN.	FEB.	MÄR.	APR.	MAI	JUN.	JUL.	AUG.	SEPT.	OKT.	NOV.	DEZ.
SÄEN				■	■							
PFLANZEN					■	■						
ERNTE						■	■	■	■	■		

SCHLANGENGURKE

Die Schlangen- oder Salatgurke (Familie Cucurbitaceae) benötigt höhere Temperaturen und regelmäßige Bewässerung, damit sich die zu 95 % aus Wasser bestehenden Früchte entwickeln können. Einige Arten dürfen nicht bestäubt werden, weil sie sonst einen bitteren Geschmack entwickeln könnten.

KATEGORIE: Fruchtgemüse

SORTEN: Marketmore, True Lemon, Piccolino

PFLANZABSTAND: 30 cm (bei Verwendung einer Rankhilfe)

KEIMUNG: 5–7 Tage

PFLANZENGRÖSSE: Kann eine Höhe von bis zu ↕ 2,50 m erreichen. / ↔ 30 cm

Einjährig

BESONDERHEITEN: Nach einiger Zeit werden die unteren Blätter gelb oder bräunlich. Diese sollte man abschneiden, um mögliche Pflanzenkrankheiten zu vermeiden.

	JAN.	FEB.	MÄR.	APR.	MAI	JUN.	JUL.	AUG.	SEPT.	OKT.	NOV.	DEZ.
SÄEN				■	■							
PFLANZEN					■							
ERNTE							■	■	■			

SELLERIE

Stangen-, Stauden- oder Bleich-sellerie bilden lange Blattstiele, während der Knollensellerie direkt über der Erde eine dicke Knolle ausbildet. Die erstge-nannten Arten erntet man den gesamten Sommer hindurch bis in den Herbst. Knollensellerie ist erst im Herbst erntereif.

KATEGORIE: Blattgemüse, Wurzelgemüse

UNTERARTEN: Staudensellerie (weiß oder grün), Knollensellerie

PFLANZABSTAND: 25 × 30 cm

KEIMUNG: 2–3 Wochen

PFLANZENGRÖSSE: ↕ 30–40 cm / ↔ 20–30 cm

Zweijährig, aber einjährig kultiviert

BESONDERHEITEN: Sellerie braucht regelmäßig Dünger oder Kompost. Knollensellerie darf während des Knollenwachstums nicht unter Staunässe leiden, da die Knolle sonst faulen könnte. Um Stress durch Wassermangel zu vermeiden, gießen Sie aber bei Trockenheit reichlich. Sellerie kann „Rost" entwickeln (Blattfleckenkrankheit), befallene Stängel müssen entfernt werden. Wenn die Krankheit wiederkommt, die ganze Pflanze entsorgen.

	JAN.	FEB.	MÄR.	APR.	MAI	JUN.	JUL.	AUG.	SEPT.	OKT.	NOV.	DEZ.
SÄEN			▧	▧	▧							
PFLANZEN				▧	▧	▧						
ERNTE							▧	▧	▧	▧	▧	

TOMATEN

Tomatenpflanzen werden im März und April drinnen gesät. Der Gärtnertradition folgend, entfernt man die Geiztriebe, das sind alle neuen Triebe, die sich in den Achseln zwischen Haupttrieb und Seitentrieb bilden. Ich mache das seit vielen Jahren, habe aber festgestellt, dass die Pflanzen mehr Früchte tragen, wenn man ihnen die Geiztriebe lässt. Und ja, diese Geiztriebe tragen auch Früchte! Geerntet wird, sobald die Tomaten rot sind (oder gelb, orange oder grün, je nach Sorte) und etwas weich.

KATEGORIE: Fruchtgemüse

SORTEN: Ochsenherz, Gelbes Birnchen, Rotes Birnchen, Amore, Bédouin, Speckled Roman, Purple Calabash, Green Zebra.

PFLANZABSTAND: 50 cm, mit Stützen (100 cm, wenn man die Geiztriebe nicht entfernt)

KEIMUNG: 1–2 Wochen

PFLANZENGRÖSSE: $\updownarrow$ +250 cm / $\leftrightarrow$ 50 cm (200 cm, wenn man die Geiztriebe nicht kappt)

Einjährig

BESONDERHEITEN: Regelmäßig Kompost geben und gießen, sonst faulen die Früchte.

	JAN.	FEB.	MÄR.	APR.	MAI	JUN.	JUL.	AUG.	SEPT.	OKT.	NOV.	DEZ.
SÄEN		■	■									
PFLANZEN				■	■							
ERNTE							■	■	■	■		

ZUCCHINI

Noch eine Pflanze, die reichlich Ertrag bringt! Ich baue verschiedene Sorten an, um eine Vielfalt von Farben und Formen zu genießen: rund, lang, weiß, grün, gestreift oder gelb ... Ernten Sie die Zucchini, solange sie noch klein sind (maximal 20 cm), sonst werden sie sehr zäh und haben zu viele Kerne.

KATEGORIE: Fruchtgemüse

SORTEN: Soleil, Cavili F1, Black Forest F1, Eight Ball, Floridor F1, Patisson, Striato d'Italia, Ronde de Nice

PFLANZABSTAND: 50 × 40 cm

Keimung: 4–8 Tage

PFLANZENGRÖSSE: ↕ 40–50 cm / ↔ 50–70 cm

Einjährig

BESONDERHEITEN: Zucchini-Pflanzen benötigen kaum Pflege: regelmäßig gießen und nicht zu viel düngen. Vorsicht, wenn eine Frucht der Cucurbitaceae (Gurke, Zucchini, Kürbis, Melone …) bitter schmeckt, dann keinesfalls verzehren, weil sie giftig ist! Dieses Phänomen ist selten. Alle Kürbisgewächse enthalten eine geringe Dosis Toxine, die man „Cucurbitazine" nennt. Der Gehalt ist gewöhnlich sehr gering und für den Menschen unschädlich. In äußerst seltenen Fällen kann die Dosis so hoch sein, dass sie tödlich wirkt.

	JAN.	FEB.	MÄR.	APR.	MAI	JUN.	JUL.	AUG.	SEPT.	OKT.	NOV.	DEZ.
SÄEN				▓	▓	▓						
PFLANZEN					▓	▓						
ERNTE							▓	▓	▓	▓		

ZWIEBEL UND SCHALOTTE

Zwiebeln sowie Schalotten werden in Form von Steckzwiebelchen ausgebracht. Man erntet sie, sobald das Laub bräunlich wird. Sie sind mit kargen Böden und wenig Wasser zufrieden.

KATEGORIE: Wurzelgemüse

PFLANZABSTAND: 20 × 20 cm

KEIMUNG: 1–2 Wochen

PFLANZENGRÖSSE: ↕ 30–40 cm / ↔ 20–30 cm

Mehrjährig, aber einjährig kultiviert

BESONDERHEITEN: Zwiebeln und Schalotten benötigen keinerlei Pflege. Man sollte lediglich regelmäßig jäten, damit sie nicht von Unkraut überwuchert werden. Ernten Sie Zwiebeln und Schalotten, wenn das Grüne der Pflanze abstirbt.

	JAN.	FEB.	MÄR.	APR.	MAI	JUN.	JUL.	AUG.	SEPT.	OKT.	NOV.	DEZ.
PFLANZEN			██	██								
ERNTE								██	██	██		

REZEPTE
AUS DEM GEMÜSEGARTEN

In jeder Jahreszeit ernte ich reichlich Gemüse.
Die Mengen fallen jedoch von Jahr zu Jahr
unterschiedlich aus. In solchen Momenten sollte
man trotzdem ein paar Rezepte parat haben.
Als Anregung möchte ich einige meiner
Lieblingsrezepte mit Ihnen teilen.

GETROCKNETE TOMATEN

Sie haben zu viele Tomaten gepflanzt und nun wissen Sie nicht, wohin mit der Ernte? Machen Sie getrocknete Tomaten daraus! Sie schmecken delikat in Salaten, zu frischen Nudeln, als Vorspeisen usw.

- *ein gutes Kilo vollreifer Kirschtomaten (wegen des Aromas)*
- *Olivenöl (alternativ: aromatisiertes Öl)*
- *getrocknete Kräuter: Oregano, Rosmarin oder andere.*
- *Salz*

Kirschtomaten waschen und der Länge nach in zwei Hälften schneiden.

Bei 70 °C für 12 Stunden in ein Dörrgerät oder bei 90 °C für 7 Stunden in den Backofen legen.

Schraubdeckelglas waschen und sterilisieren.

Tomaten, getrocknete Kräuter und Öl in das abgekühlte Glas schichten, eine Prise Salz zugeben.

Glas verschließen.

Die getrockneten Tomaten halten sich etwa 3 Wochen an einem kühlen Ort außerhalb des Kühlschranks.

TIPP Es ist wichtig, dass nur getrocknete Kräuter verwendet werden, frische könnten schimmeln und die Tomaten verderben.

ARTHURS LIEBLINGS- SALAT

Haben Sie Lust Ihre Gäste zu beeindrucken? Dann servieren Sie diesen Salat – ein gleichermaßen hübsches wie schmackhaftes Gericht. Sie können aber auch selbst ein Rezept mit den Zutaten kreieren, die Sie im eigenen Gemüsegarten haben.

FÜR 2 PERSONEN

Für den Salat:

- ein Dutzend Scheiben Schweinelachs (Rücken) oder durchwachsenen Schinken
- ein Kopfsalat
- frischer Dill und frische Minze
- Frühlingszwiebeln
- Heidelbeeren
- Ziegenkäse
- einige Kirschtomaten

Für die Vinaigrette:

- Olivenöl
- Himbeeressig (oder anderen)
- Salz und Pfeffer
- essbare Blüten wie Kapuzinerkresse, Ringelblume, Borretsch, Wiesen-Schaumkraut usw.

Schweinefilet-Scheiben bei 90 °C für 2,5 Stunden in den Backofen legen, bis sie knusprig sind.

Salat waschen und große Blätter zerpflücken, damit man ihn besser anrichten kann.

Salatblätter, Dill, Minzeblätter, Frühlingszwiebelringe und Heidelbeeren in einer großen Salatschüssel mischen.

Mit Olivenöl, Himbeeressig, Salz und Pfeffer, würzen.

Auf Teller verteilen.

Den Salat nun tellerweise mit Stücken des Ziegenkäses, einigen Kirschtomaten und dem Schweinlachs anrichten.

Schließlich die essbaren Blüten darüberstreuen.

KAPERN AUS KAPUZINER-KRESSE

Sicherlich kennen Sie die klassischen Kapern.
Aber haben Sie schon von Kapuziner-Kapern gehört?
Sie sind geschmacklich intensiver und eigenwilliger,
aber auch knackig und delikat-frisch in Salaten!

- *200 g grüne Früchte der Kapuzinerkresse*
- *grobes Salz*
- *weißer Essig*
- *Wasser*
- *ein paar schwarze Pfefferkörner*
- *2 frische Knoblauchzehen*
- *einige Estragonzweige*

Früchte der Kapuzinerkresse waschen und trocknen.
Über Nacht mit Salz bedeckt in eine Schüssel geben.
Einmachglas sterilisieren.
Eine Mischung aus Wasser und Essig im Verhältnis
1 zu 1 zum Kochen bringen.
Die schwarzen Pfefferkörner, zwei Knoblauchzehen,
die Estragonzweige und die Kapuzinerkresse-Samen
in das vorgesehene Einmachglas füllen.
Die kochend-heiße Essigmischung in das Glas gießen
und sofort verschließen, damit die Luft entweicht.
Vor dem Verzehr 2 Wochen ruhen lassen.
Hält sich mehrere Monate an einem kühlen Lagerort.

ROTE-BETE-CARPACCIO MIT ZUCCHINI-SPAGHETTI

Ein schmackhaftes, leichtes Gericht voller Vitamine: Ein Carpaccio aus Roter Bete mit rohen Zucchini-Spaghetti.

- *einige Rote Bete*
- *2 kleine Zucchini*
- *Olivenöl*
- *Salz, Pfeffer*
- *Saft einer halben Zitrone*

Rote Bete ungeschält etwa 30–40 Minuten im Dampf garen.

Inzwischen die Zucchini zu Spaghetti scheiden oder einen Schneider dazu verwenden.

Die Zucchini-Spaghetti im Olivenöl marinieren, mit Salz, Pfeffer und Zitronensaft würzen.

Rote Bete schälen.

Die Rote Bete so dünn wie möglich in Scheiben schneiden, ggf. einen Hobel dazu verwenden, Salz und Pfeffer zugeben.

Das Carpaccio aus Roter Bete und die Zucchini-Spaghetti auf einem Teller anrichten und mit einer Dillblüte garnieren.

ZUCCHINI-CHIPS

**Nichts geht über diese leckeren Chips als Vorspeise.
Sie sind knusprig und einfach herzustellen.**

- *2 kleine Zucchini von etwa 15–20 cm Länge*
- *Pfeffer*
- *Oregano und Rosmarin*
- *Olivenöl*
- *Salz*

Die Zucchini der Länge nach mit dem Hobel in Scheiben schneiden. Die Scheiben sollten etwa 1 mm dick sein.
In eine große Schüssel legen und Pfeffer, Kräuter und Olivenöl zufügen. Mischen und eine halbe Stunde lang marinieren lassen.
Die dünnen Zucchinischeiben auf einem Teller mit Backpapier ausbreiten.
Eng nebeneinanderlegen, weil sie sich zusammenziehen werden.
Für 4 Stunden bei 70 °C in den Backofen legen, bis sie knusprig sind.
Mit Salz bestreuen.

Einmachgurken lassen sich den ganzen Sommer hindurch reichlich ernten. Zum Konservieren empfehle ich Ihnen dieses berühmte süß-saure Rezept.

* *Einmachgurken*
* *eine Knoblauchzehe*
* *Dill*
* *Pfefferkörner*
* *Korianderkörner*
* *Senfkörner*
* *ein Lorbeerblatt*
* *Wasser*
* *weißer Essig*
* *Honig-Essig*
* *weißer Zucker*

Schraubdeckelglas sterilisieren.
Zwischenzeitlich die Gurken waschen und in feine Scheiben von 2–3 mm Stärke schneiden, am besten einen Hobel benutzen.
Eine Knoblauchzehe, Dill, einige Pfeffer-, Koriander- und Senfkörner und Lorbeerblatt in das Glas geben.
Gurkenscheiben einfüllen.
Nicht zu vollfüllen, damit sich die Aromen gut verteilen können.
Füllen Sie nun zur Hälfte lauwarmes Wasser, zu einem Viertel weißen Essig und zu einem Viertel Honig-Essig hinzu. Es ist nicht nötig, den Essig zum Kochen zu bringen. Dann den weißen Zucker einfüllen.
Für ein Gefäß von 400 ml füge ich gewöhnlich 80–100 g Zucker hinzu.
Rühren und die Mischung verkosten, um sie nach eigenem Geschmack zu würzen. Stellen Sie das Schraubdeckelglas 10 Tage lang in den Kühlschrank. Täglich schütteln, damit die Aromen sich mischen.

AROMATI-SIERTE ÖLE UND ESTRAGON-ESSIG

Zum Würzen von Fleisch, Salaten und anderen Gerichten verwende ich meine selbst aromatisierten Öle und den Estragon-Essig. Flaschen vor dem Füllen unbedingt sterilisieren. Dabei nicht vergessen, die Kautschuk- bzw. Gummi-Dichtungen der Verschlüsse zu entfernen, bevor man sie in den Backofen stellt.

ROSMARIN-, THYMIAN- UND OREGANO-ÖL

Befüllen Sie eine sterilisierte Glasflasche mit frischen Kräuter-Zweigen und Olivenöl. Rosmarin, Thymian und Oregano eignen sich dafür besonders gut. Lassen Sie die Aromen mindestens 3 Wochen ohne direkte Sonneneinstrahlung ziehen, dann können Sie das Öl verwenden.

TIPP Für ein besseres Aroma die Flaschen während der 3 Wochen täglich schütteln.

BASILIKUM-ÖL

Befüllen Sie eine Glasflasche mit Basilikumblättern und Olivenöl. Drei Wochen lang an einem dunklen Ort ziehen lassen. Blätter danach entfernen, weil sonst Schimmelgefahr besteht.

ESTRAGON-ESSIG (500 ML)

Füllen Sie 250 ml Wasser und 250 ml weißen Essig in einen kleinen Topf und lassen Sie die Flüssigkeit aufkochen. Schneiden Sie zwei große Knoblauchzehen in Stücke, geben Sie sie mit einigen Pfefferkörnern, einer Prise Salz und einigen frischen Estragonzweigen in eine Glasflasche. Füllen Sie die kochend heiße Flüssigkeit mithilfe eines Trichters in die Flasche. Flasche verschließen und bis zur Verwendung 3 Wochen lang ziehen lassen.

HIER ENDET DER BESUCH IN MEINEM GEMÜSEGARTEN!

Ich hoffe, dass Ihnen dieses Jahr im Gemüsegarten gefallen hat. Wenn Sie (wie ich) davon begeistert sind, teilen Sie dies mit möglichst vielen Menschen: Laden Sie Ihre Freunde ein, damit sie entdecken können, was Sie Neues gelernt haben!

Unbestritten macht es auch viel Freude, selbst gezogenes Gemüse zu verschenken. Wahrscheinlich haben Sie gar nicht gemerkt, dass Sie damit die Umwelt entlasten, wenn Sie Ihr eigenes Bio-Gemüse lokal und biologisch anbauen, ohne Benzin zu verbrauchen. Und ganz sicher haben Sie auch etwas über die belebte Natur gelernt! Sie haben gespart und zugleich Selbstständigkeit und Wissen hinzugewonnen.

Sie werden sehen, dass die neuen Erkenntnisse immer interessanter werden, je länger man gärtnert. Und im Lauf der Zeit wird auch der Gemüsegarten immer ertragreicher: Der Boden wird reicher, die Artenvielfalt nimmt zu und Sie lernen aus Erfahrung! Bleiben Sie trotzdem kreativ, erfindungsreich und probieren Sie aus! Sobald Sie sich mit den Grundlagen auskennen – die ich Ihnen hier nahegebracht habe – werden sich Freiheit und Vergnügen von selbst einstellen.

Stellen Sie sich vor, unsere Städte und Landschaften wären voller kleiner Gemüsegärten …

Ich wünsche Ihnen einen ertragreichen und schönen Garten!

Arthur

BEZUGSADRESSEN UND LITERATUR

HIER KANN MAN SAATGUT KAUFEN

Arche Noah
www.arche-noah.at

Bingenheimer Saatgut
www.bingenheimersaatgut.de

Dreschflegel GbR
www.dreschflegel-saatgut.de

Garten des Lebens
www.garten-des-lebens.de

Saat.Gut
www.samenfestes-saatgut.de

Grüner Tiger
www.gruenertiger.de

Himmlische-Saaten
www.himmlische-saaten.de

Saat & Gut
www.saat-und-gut.de

Sativa Biosaatgut GmbH
www.sativa.bio

ZUM WEITERLESEN

Bross-Burkhardt, Brunhilde:
Das große Ulmer Biogarten-Buch. Verlag Eugen Ulmer 2017.

Collignon, Philippe und Bureau, Bernard: Mehrjähriges Gemüse.
Einmal pflanzen, dauernd ernten. Verlag Eugen Ulmer 2021.

Faßmann, Natalie: Gemüsegarten – einfach machen! Mein Kürbis,
mein Kohl, mein Radieschen – von der Planung bis zur reichen Ernte.
Verlag Eugen Ulmer 2023.

Groult, Jean-Michel: In den Garten, fertig, los! Mit 400 Handgriffen
durch jedes Beet. Verlag Eugen Ulmer 2023.

Hudak, Renate und Harazim, Harald: Ratzfatz Gemüse,
Obst & Kräuter ernten. Über 45 Arten – schnell und unkompliziert.
Verlag Eugen Ulmer 2021.

Kawollek, Wolfgang und Marco: Alles über Pflanzenvermehrung.
Vegetative Vermehrung und Samenanzucht. 3. Auflage,
Verlag Eugen Ulmer 2021.

Lorey, Heidi: Gemüse ins Blumenbeet! Kreativ gärtnern mit Dahlie,
Artischocke & Co. Verlag Eugen Ulmer 2021.

Lorey, Heidi: Gemüse und Blumen aus eigenem Saatgut.
Samen vermehren und erhalten. Verlag Eugen Ulmer 2017.

REGISTER

EIN PAAR WORTE DES DANKES

Ich möchte vor allem meiner Mutter Joëlle danken, die mir die Möglichkeit gegeben hat, ganz viele Fähigkeiten zu entwickeln, und die mir die Grundwerte des Lebens vermittelt hat. Ein großes Dankeschön gilt Alphonse und seiner Frau Jeanne – meinem Fonske und meiner Jeanneke –, deren Liebe für das Gärtnern ich kennenlernen durfte. Sie werden mir immer als Nenn-Großeltern im Herzen bleiben. Danke auch an meinen Opa, der mir von klein auf die Liebe zur Natur nahegebracht hat. Und ich möchte dem gesamten Team des Verlages Eugen Ulmer danken, die mir die Möglichkeit gaben, meine Leidenschaft und meine Kenntnisse mit anderen Gartenfans zu teilen, so wie Alphonse sie mit mir teilte.

Alle Fotos und Zeichnungen sind von Arthur Motté.
Facebook: Le Potager d'Arthur – @lepotagerdarthur
Instagram: Le Potager d'Arthur – @le_potager_darthur
Web-Seite: www.lepotagerdarthur.com

Die in diesem Buch enthaltenen Empfehlungen und Angaben sind vom Autor mit größter Sorgfalt zusammengestellt und geprüft worden. Eine Garantie für die Richtigkeit der Angaben kann aber nicht gegeben werden. Autor und Verlag übernehmen keine Haftung für Schäden und Unfälle. Bitte setzen Sie bei der Anwendung der in diesem Buch enthaltenen Empfehlungen Ihr persönliches Urteilsvermögen ein.

Der Verlag Eugen Ulmer ist nicht verantwortlich für die Inhalte der im Buch genannten Websites.

Anmerkung zur Schreibweise (Gendering): Gendergerechtigkeit und Inklusion sind bei uns gelebte Praxis – bei der Auswahl unserer Themen, bei der Recherchearbeit, in der Gestaltung. Unsere Texte meinen alle. Damit unsere Inhalte jedoch gut lesbar bleiben, verzichten wir in diesem Werk auf die jeweilige Mehrfachnennung oder Anpassung der Schreibweise bestimmter Bezeichnungen an die weibliche, männliche oder diverse Form.

Bibliografische Information der Deutschen Nationalbibliothek
Die Deutsche Nationalbibliothek verzeichnet diese Publikation in der Deutschen National-bibliografie; detaillierte bibliografische Daten sind im Internet über http://dnb.d-nb.de abrufbar.

Die französische Originalausgabe erschien 2020 unter dem Titel
Arthur Motté, Mon petit potager bio sur 15 m²
© 2020 Les Éditions Ulmer, Paris.
www.editions-ulmer.fr

© 2024 Eugen Ulmer KG
Wollgrasweg 41, 70599 Stuttgart (Hohenheim)
E-Mail: info@ulmer.de
Internet: www.ulmer.de
Projektleitung: Doris Kowalzik
Übersetzung: Sabine Hesemann
Lektorat: Sabine Drobik
Herstellung: Isabell Scherrieble
Umschlaggestaltung: Anette Vogt, www.redsign.de, Stuttgart
Satz: Gerhard Junker, www.redsign.de, Stuttgart
Reproduktion: time:ray, Jettingen
Druck und Bindung: Firmengruppe Appl, aprinta Druck, Wemding
Printed in Germany

ISBN 978-3-8186-2107-0

Hier können Sie weiterlesen

Nachhaltigkeit, Klima- und Artenschutz: wie können wir diese in unserem Alltag, im eigenen Garten, auf dem Balkon oder der Terrasse umsetzen? Unsere Buchreihe #machsnachhaltig liefert hierfür die Antworten.

Dieses Buch zeigt den Weg zum trockenheitstoleranten Garten: 44 robuste Stauden, Sträucher, Topf- und Kletterpflanzen, die auch für tierische Gartenbewohner nützlich sind, schlaue Projekte vom Regengarten bis zur Wandbegrünung sowie einfaches Troubleshooting bei Wetterschäden, Krankheiten oder Schädlingen. Außerdem alle Basics zu natürlichen Kreisläufen, Bodenpflege sowie standortgerechtem und ressourcenschonendem Gärtnern.

ISBN 978-3-8186-1228-3

ISBN 978-3-8186-1503-1

ISBN 978-3-8186-1227-6

ISBN 978-3-8186-1226-9

Für alle, die jetzt mit dem Weltretten anfangen. Anhand vieler Projekte und Lifehacks wird gezeigt, wie man in kleinen Schritten die Umwelt schützen und erhalten kann.

ISBN 978-3-8186-1767-7

ISBN 978-3-8186-1346-4

ISBN 978-3-8186-1225-2

ISBN 978-3-8186-1363-1

ISBN 978-3-8186-1416-4

ISBN 978-3-8186-1504-8

Mehr über
#machsnachhaltig